SCHERE
STEIN
PAPIER

Für meine beiden Wildblumen!

Karoline Lawson

SCHERE STEIN PAPIER

Basteln mit Naturschätzen

at VERLAG

INHALT

AUF GEHT'S!

Wenn ihr mit offenen Augen durch die Welt geht, findet ihr – kleine Forscherinnen und Forscher – im Wald, auf dem Feld oder zwischen den Mauern eures Viertels schöne Schätze. Ob ihr auf dem Land wohnt und jeden Tag durch die Schatzkammer der Natur streift oder in der Stadt etwas aufmerksamer suchen müsst – die Kostbarkeiten aus der Pflanzen- und Tierwelt könnt ihr überall entdecken.

Schaut auf euren Streifzügen nicht nur nach unten, sondern auch zur Seite und nach oben. Erkennt ihr in der Baumkrone die Blätter und könnt ihr anhand ihrer Form den Baum bestimmen? Welches zarte Pflänzchen hat sich dort zwischen den Mauersteinen durchgekämpft? Ist das ein Specht, der da hinten gerade seine Haustür in den Baumstamm zimmert?

Wenn eure Nasen den Duft von Erde aufgesogen und eure Augen den weiten Horizont erblickt haben, wenn eure Taschen gefüllt sind mit Blättern, Steinen, Blüten und Schneckenhäusern, dann zieht Richtung Küchentisch. Dort könnt ihr die gesammelten Kostbarkeiten erst einmal ausbreiten und sortieren. Ob nach Farbe, Größe, Form, Material oder Fundort ist egal – ihr habt da bestimmt eure eigene Ordnung.

Viele von den Schätzen findet ihr so wunderschön, dass ihr sie vielleicht so, wie sie sind, in eure Kiste zu den anderen Heiligtümern legt. Andere wiederum sehen einfach prima zusammengestapelt, verwoben oder umwickelt aus. Genau dort, beim näheren Beschauen und Experimentieren, liegt der Anfang eurer nächsten Naturbastelei.

In diesem Buch findet ihr Ideen, Anregungen und Kopiervorlagen, um eure eigenen Werke zu erschaffen. Also poliert die Gummistiefel, füllt den Rucksack mit Proviant und knotet die Regenjacke um die Hüfte – das Abenteuer beginnt!

WERKZEUGKISTE

Die besten Handwerker leben in der Natur. Der Vogel baut sein Nest, die Ameisen tragen eine ganze Stadt aus Erde und Unterholz zusammen und der Biber errichtet Dämme aus eigens gefällten Baumstämmen. Was könnt ihr mit euren Naturschätzen gestalten?

Wählt hochwertige Werkzeuge und Materialien, die euch beim Basteln möglichst lange begleiten. Legt euch am besten eine Werkzeugkiste an und achtet gut auf sie.

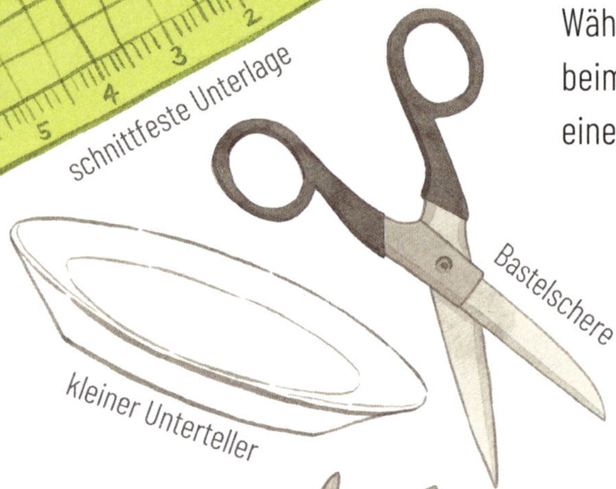

Werkzeuge

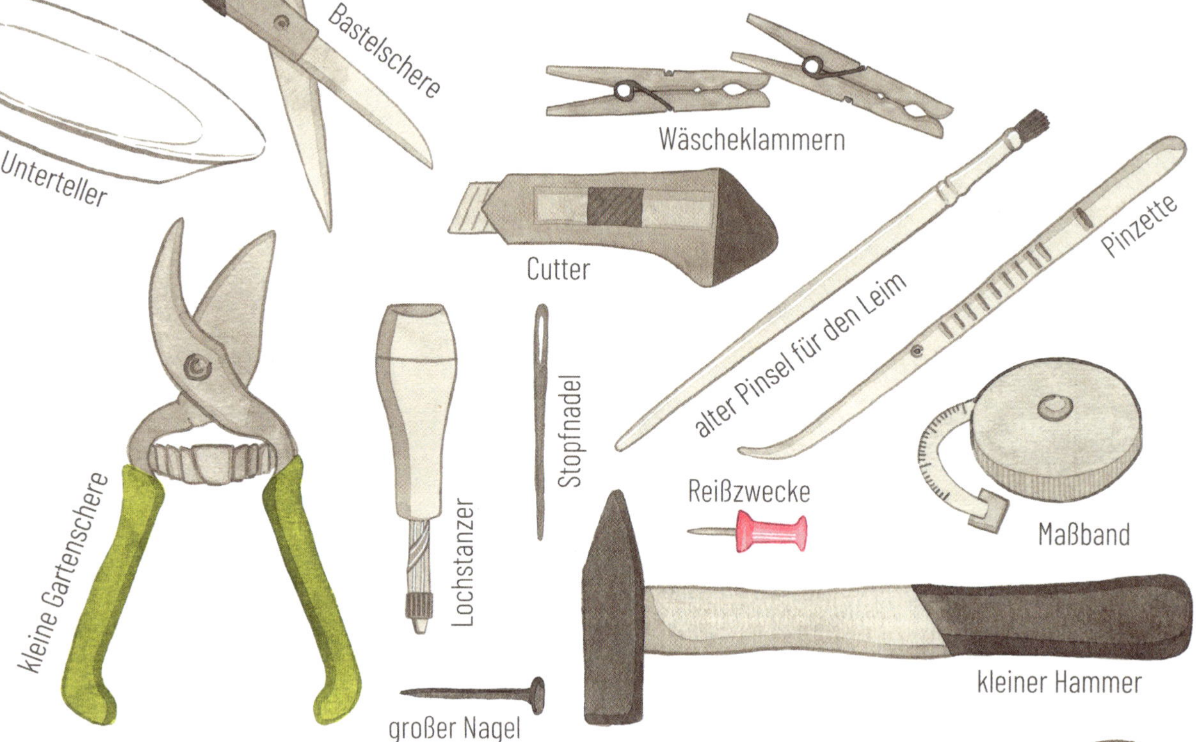

Kleben

Verbinden
Schnur
Lederband, verschiedene Stärken
Wolle
Musterbeutelklammern
elastisches Band, 5 mm
Blumendraht, mit Papier ummantelt
Nähgarn
Malen
Bleistift
Buntstifte
Wasserfarben
Acrylstifte
Basismaterial
altes Marmeladenglas
Spanschachteln (Käseschachteln)
alte Müslikartons
Holzperlen, verschiedene Größen
Kraftpapier, 200 g/m²
Tonzeichenpapier, 180 g/m², verschiedene Farben
stabile Holzstäbe aus dem Baumarkt
Pappkarton
Löschpapier
Wellpappe

SCHÄTZE SAMMELN

Ist es nicht herrlich, nach einem langen Spaziergang die schmutzigen Schuhe abzustreifen und alle Taschen nach gefundenen Schätzen zu durchsuchen? Diesen Stein habt ihr genau an der Weggabelung gefunden und dieses Blatt lag unter der Birke mit der lustigen Rinde. Die Fundstücke erinnern euch an eure Erlebnisse in der Natur und alles was ihr dort entdeckt habt. Wenn ihr Naturmaterialien sammelt, gibt es jedoch einige Dinge, an die ihr denken müsst.

Mit Liebe gepflückt

Bei jeder Wanderung und jedem Spaziergang durch die Natur begegnet ihr auf Schritt und Tritt den Lebewesen eurer heimischen Pflanzen- und Tierwelt (Flora und Fauna). Die Spinne webt ihr Netz zwischen den Blaubeeren, Bienen sammeln kostbaren Blütennektar, und Rehe grasen am Waldrand.

Die Natur ist eine reich gefüllte Schatzkammer. Doch diese Schätze sind den Pflanzen und Tieren, die in ihr wohnen, vorbestimmt. Das Moos, die Blüte und die Rinde sind Lebensraum, Nahrung und Lebewesen zugleich. Darum ist es wichtig, dass ihr alle gesammelten Naturmaterialien nach Bewohnern absucht, bevor ihr sie mitnehmt. Bewegt euch auch behutsam und leise, und bleibt auf den Pfaden, um die Tiere und ihren Lebensraum nicht zu stören.

Nur so zum Staunen

Jede Pflanze und jedes Tier hat seine Aufgabe im Kreislauf der Natur zu erfüllen. Wenn eine Pflanzenart in einem Lebensraum fehlt, ändert sich das Verhalten der Lebewesen, die von ihr abhängig sind. Diese Veränderungen können Nahrungsketten unterbrechen und Lebensräume umgestalten. Wir Menschen nutzen und verändern die Vielfalt der Natur, um Rohstoffe für den Bau von Häusern, die Herstellung von Nahrung und Kleidung und einen komfortablen Alltag zu gewinnen. Dabei vergessen wir, dass auch wir unseren Platz im Naturkreislauf haben. Kein anderes Lebewesen hat einen größeren Einfluss auf die Balance des Lebens auf der Erde. Somit tragen wir die große Verantwortung, den Naturhaushalt zu schützen.

Kennt ihr das gelbe oder grüne Schild mit der Eule oder dem Adler, dem man manchmal auf Spaziergängen in der Natur begegnet? Es kennzeichnet bestimmte Gebiete wie Landschaften, Moore oder Parks, die unter Naturschutz stehen. Selten gewordene Arten können sich dort ungestört ansiedeln und vermehren. In Naturschutzgebieten dürft ihr nichts pflücken oder sammeln. Manchmal stehen auch einzelne, besonders vom Aussterben bedrohte Pflanzen oder Tiere unter Naturschutz. Diese dürft ihr auch außerhalb eines Naturschutzgebietes nicht beschädigen oder mitnehmen.

Mit einem regionalen Naturführer könnt ihr die Lebewesen eurer Heimat kennenlernen. Welche Pflanzen sind geschützt? Welche sind gar giftig? So könnt ihr die Natur achtsam und sicher genießen. Und: Lasst auf euren Spaziergängen durch die Natur nichts zurück. Sogar der weggeworfene Kaugummi kann in natürlichen Lebensräumen Schaden anrichten.

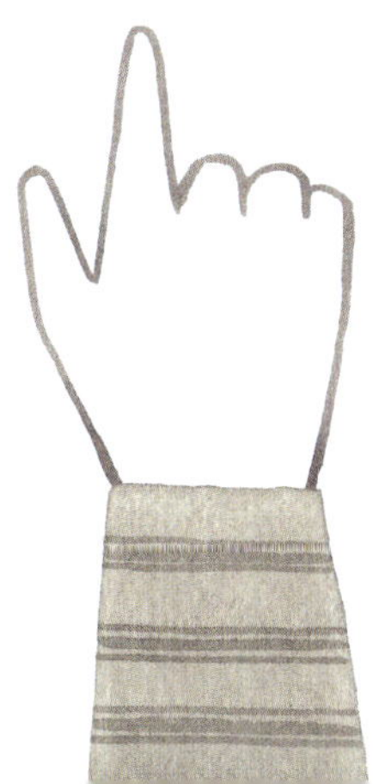

Dein Handstrauß

Leuchtend bunt begrüßen uns die Wiesen im Sommer und verlocken uns dazu, ihre Blumen mit nach Hause zu nehmen. Kleine Zweige, flauschige Moose und wohl geformte Blätter eignen sich hervorragend zum Basteln. Doch auch das Pflücken und Sammeln von nicht geschützten Pflanzen ist nur in kleinen Mengen erlaubt. Diese Regel des Naturschutzes heißt »Handstraußregel« und beschreibt, wieviel gepflückt werden darf. Seid also wählerisch und sammelt nur so viel, wie ihr verbasteln könnt, was in Fülle vorhanden ist und was in eure Hand passt.

Eine Frage der Ähre

Schier endlos erscheinen uns Getreidefelder mit ihren Millionen von Ähren. Und jeder einzelne Halm ist Eigentum des Landwirts und der Landwirtin, die ihn angebaut haben. Sie pflügen das Feld, säen die Samen und ernten das Getreide, das schließlich als Brot bei uns auf den Tisch kommt. Deshalb ist es wichtig, um Erlaubnis zu bitten, bevor ihr direkt vom Feldrand pflückt. Auch andere Feldfrüchte wie Sonnenblumen und Mais dürfen nicht einfach gepflückt werden. Achtet auf Stände am Straßenrand oder Kassen direkt am Feld, an denen ihr für das Selbstpflücken bezahlen könnt.

Es gibt allerdings auch noch die Mäusegerste. Diese robuste Pflanze gehört zur Getreideart der Gerste und hat dieselben charakteristischen Ähren und Grannen. Als Futtergras ist sie jedoch ungeeignet. Sie fühlt sich auf städtischen Grünflächen und an Straßenrändern wohl. Dort dürft ihr sie auch sammeln und mit ihr basteln.

Sehen, hören, riechen

Mit unseren langen Beinen sind wir mit einem Schritt vorbeigerauscht am vierblättrigen Kleeblatt oder an der Ameisenstraße.
Habt ihr schon einmal im Wald die Augen geschlossen und dem Gesang des Buchfinken gehorcht, die Nasenflügel weit geöffnet und das Moos beschnuppert? Oder euch an einem Wiesenrand auf den Bauch gelegt und geschaut, was an euch vorbeikrabbelt oder -flattert? Wer mit geschärften Sinnen durch die Natur geht, wird so manchen Käfern begegnen und den süßen Duft der Rapsfelder wittern.

Nimm mit

Die wichtigste Ausrüstung für eure Erkundungstouren durch die Natur ist die richtige Bekleidung. Am besten sind feste Schuhe und Kleider, die euch warm und trocken halten. Es gibt zahlreiche Beißer unter den Insekten. Darum ist es immer sinnvoll, zum Schutz lange Hosen und langärmlige Oberteile zu tragen.

Ein paar weitere Dinge können euch dabei helfen, eure Kostbarkeiten sicher nach Hause zu transportieren: eine kleine Gartenschere, mit der ihr Zweige und Blumen pflücken könnt; ein altes Buch zum Pressen von Blüten und Blättern; eine Blechdose, um Gefundenes aufzubewahren; einen Stift, mit dem ihr euch Notizen oder kleine Zeichnungen zu den gesammelten Exemplaren machen könnt; und natürlich ausreichend Wasser und Proviant.

SCHATZKAMMER

Ein frisch gepflückter Blumenstrauß ist wunderbar. Doch leider hält das prachtvolle Gebinde meist nur wenige Tage. Viele Blumen, Pflanzen und anderes Naturmaterial könnt ihr jedoch mit ein wenig Geschick und Geduld für eine lange Zeit haltbar machen.
Die warme Sommersonne und einige wenige Arbeitsmittel werden euch dabei helfen.
Nutzt die Blütezeit und Fülle des Sommers, um euch eine bunt gefüllte Schatzkammer anzulegen.

Pressen

Ein altes, ausgelesenes Buch eignet sich hervorragend zum Trocknen von Pflanzenmaterial. Die Seiten sind meist etwas angeraut und ziehen so die Feuchtigkeit sehr gut aus der Pflanze.
Legt eure frisch gepflückten Blumen und Blätter zwischen Löschpapier in die Seiten ein.
Das Löschpapier hilft dabei, den Pflanzensaft noch besser aus den Stängeln zu ziehen.
Beschwert das Buch anschließend zum Beispiel mit einem Ziegelstein oder einem Stapel weiterer Bücher, damit die Pflanzen unter Druck trocknen können.
Nach ungefähr zwei Wochen könnt ihr sie vorsichtig herausnehmen und zum Basteln verwenden oder aufbewahren. Grüne Blätter und kräftige Blüten brauchen etwas länger.

Aufhängen

Pflanzen, die dickere Stängel haben, wie Gräser, Getreide und Stauden, trocknen am besten in kleine Sträuße gebunden und kopfüber aufgehängt.
Ihr könnt sie mit einer Wäscheklammer in kleinen Abständen an einer Schnur befestigen und diese an einem trockenen und gut belüfteten Ort aufhängen.
Wenn die Pflanzen komplett getrocknet sind, hüllt sie zu ihrem Schutz in Seidenpapier.

Aufbewahren

Naturschätze, vor allem zart gepresste Blüten, müsst ihr vor Nässe, Sonnenlicht und Staub schützen, um sie lange aufzubewahren.
Am besten eignen sich Pappschachteln, denn sie sind stabil, luftdurchlässig und nehmen Restfeuchte auf. Haltet bei eurem nächsten Wocheneinkauf Ausschau nach schönen Verpackungskisten. Viele Lebensmittel sind in kleine Schachteln verpackt, bevor sie in das Regal gestellt werden. Wenn ihr fragt, dürft ihr diese bestimmt mitnehmen.
Auch Muscheln, Treibholz und Federn solltet ihr in der Sonne gut trocknen lassen, bevor ihr sie verstaut.

WILDBLUMEN

Wildblumen sind blühende Wildpflanzen, die wachsen und gedeihen, ohne von Menschen gepflegt oder gewässert zu werden. Sie siedeln sich dort an, wo die Bedingungen für sie günstig sind und wo sie sich gut verbreiten können. Einige von ihnen wachsen nur an sonnigen Wiesenhängen, während andere den schattigen Waldboden vorziehen. Da ungestörter Lebensraum immer seltener wird, sind Wildblumen etwas ganz Besonderes. Viele von ihnen stehen unter Naturschutz und

1. Scharbockskraut
2. Winterling
3. Duftveilchen
4. Wiesenschaumkraut
5. Vergissmeinnicht
6. Löwenzahn
7. Gänseblümchen
8. Goldhahnenfuß
9. Wiesenknöterich
10. Sauerampfer
11. Wiesenglockenblume
12. Wilde Möhre
13. Klatschmohn
14. Margerite
15. Wildes Stiefmütterchen
16. Kornblume
17. Wiesenklee
18. Hirtentäschel
19. Skabiose
20. Strandaster

KALENDER

dürfen nicht gepflückt werden. Dieser Wildblumenkalender zeigt euch die Hauptblütezeit einiger der schönsten Wildblumen, die nicht gefährdet sind. Doch denkt daran, nur so viele zu pflücken, wie in eure Hand passen. Schneidet mit einer kleinen Gartenschere von der Pflanze nur einzelne Halme oder Stängel ab, um sie nicht zu schwächen oder die Wurzeln nicht zu beschädigen. So kann die Pflanze neue Blüten austreiben und weiterwachsen.

WIESE

Mittsommerkinder

Der längste Tag des Jahres, die Sommersonnenwende, wird seit vielen Jahrhunderten vor allem in den skandinavischen Ländern mit dem Mittsommerfest gefeiert. Ganz wichtig für den Tanz um den Maibaum sind die reich geschmückten Blumenkronen. Sie stehen für die Wiedergeburt und die Fruchtbarkeit der Natur. Euren beiden Mittsommerkindern fehlen die Kronen noch – könnt ihr ihnen eine aufsetzen?

Vorlage auf Tonzeichenpapier

Cutter

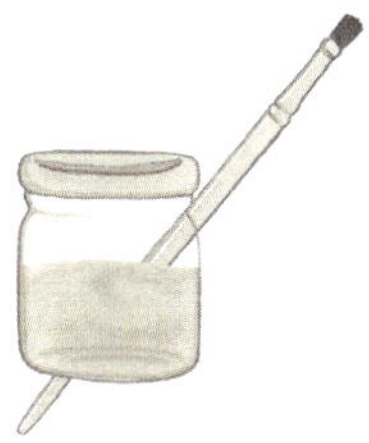

Wasserleim + Pinsel

getrocknete Blüten

1 Schneidet die kopierte Vorlage mit dem Cutter entlang der hier orange markierten Linie ein.

2 Nun steckt ihr die Blüten und Gräser vorsichtig in den Einschnitt und gestaltet die Krone, wie sie euch gefällt.

3 Mit dem Pinsel tupft ihr etwas Wasserleim unter jede Blüte und drückt sie sanft fest. Lasst alles gut trocknen.

Malt die Mittsommerkinder vor dem Bekleben mit euren Lieblingsfarben aus!

Man erzählt sich, dass die Mittsommernacht voller magischer Kräfte ist. Elfen und Trolle tanzen im silbernen Mondlicht durch Wiesen und Wälder – vielleicht seht ihr sie auch?

Blumenkette

Blumenkränze waren schon immer etwas Besonderes. In der Antike wurden sie erfolgreichen Athleten der Olympischen Spiele als Siegerkränze umgelegt. In Hawaii werden bunte Blütenkränze – sie werden dort Lei genannt – noch heute als Zeichen der Gastfreundschaft und des Vergnügens überreicht. Wenn ihr ein paar Blumen pflückt und sie in ein schönes Lederband einwebt, könnt ihr einen wunderschönen Naturgruß für einen lieben Freund oder eine liebe Freundin basteln.

Holzperle (∅ ca. 2 cm)

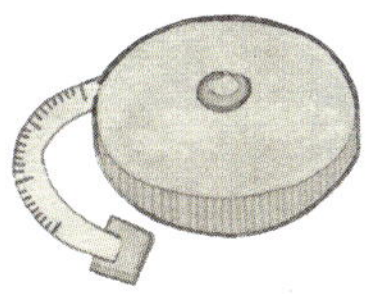

Maßband

Lederband (ca. 250 cm)

Bastelschere

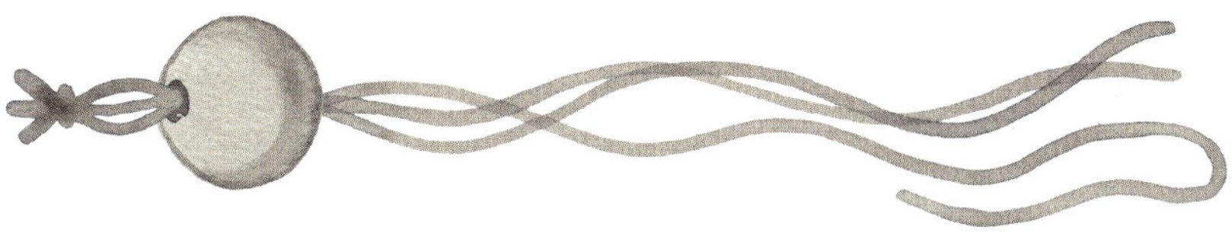

1 Schneidet das Lederband in drei Teile (80 cm, 80 cm und 90 cm).
Fädelt alle drei Bänder durch die Holzkugel und knotet auf einer Seite die Enden zusammen.

2 Flechtet die Bänder zu einem Zopf, bis nur noch das längere Ende übersteht.

3 Das längere Ende verknotet ihr nun mit den beiden kürzeren Enden, sodass eine Schlaufe entsteht.

4 Auf eurem nächsten Naturspaziergang könnt ihr frische Blumen einflechten. Zum Verschließen der Kette legt ihr die Schlaufe einfach um die Holzkugel.

Blüten-Insekten

Wusstet ihr, dass es auf unseren Wiesen ungefähr 130 verschiedene Arten von Schmetterlingen gibt? Mit etwas Glück flattert ein leuchtend gelber Zitronenfalter oder ein großer Schwalbenschwanz an euch vorbei. Vielleicht entdeckt ihr sogar eine gut getarnte Schmetterlingsraupe. Mit dieser Anleitung könnt ihr ganz neue bunte Tag- und Nachtfalter erfinden und mit gepressten Blüten gestalten.

Vorlage auf Tonzeichenpapier | Cutter | Wasserleim + Pinsel | Pinzette | gepresste Blüten

1

Schneidet die kopierte Vorlage mit dem Cutter entlang der beiden hier orange markierten Linien ein.

2

Legt euch die Blüten-Flügel in Paaren zurecht, damit sie am Ende symmetrisch sind. Dann steckt ihr sie in die Einschnitte.

3

Tupft mit dem Pinsel etwas Wasserleim auf die Stellen, an denen ihr die Blüten befestigen möchtet. Drückt die Blüten sanft auf den Leim und lasst alles gut trocknen.

Wenn ihr möchtet, könnt ihr die Körper der Insekten ausmalen.

Gefüllte Schnecken

Ist euch schon einmal aufgefallen, dass die Gehäuse aller Schnecken derselben Art in die gleiche Richtung gewunden sind? Doch es gibt auch Schnecken, die spiegelverkehrt gewickelt sind. Diese sind so selten, etwa eine von hunderttausend, dass man sie »Könige« nennt. Hier könnt ihr eure gefundenen Schneckenprinzen und -prinzessinnen blumig schmücken.

Tonzeichenpapier · Span-schachtel · Bleistift · Bastelschere · Schnecken-haus · getrocknete Blüten

1

Legt die Spanschachtel auf den Zeichenkarton und umkreist sie mit dem Bleistift.

2 Schneidet den Kreis entlang der Innenseite der Bleistiftlinie aus und klebt ihn mit dem Klebestift in die Schachtel ein.

3 Tupft etwas Alleskleber auf die Rückseite des Schneckenhauses und klebt es in die untere Hälfte der Schachtel.

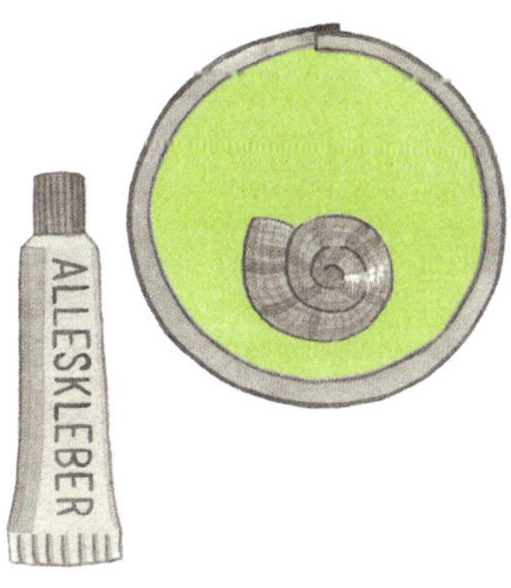

4 Nun könnt ihr das Schneckenhaus mit getrockneten Blüten und Gräsern schmücken. Befestigt sie falls nötig mit etwas Kleber.

VON BLÜTE

Im Sommer öffnet der Löwenzahn seine Blüte und lockt mit leuchtender Farbe, süßem Duft und köstlichem Nektar Insekten an. Die Biene ist eine ganz besonders fleißige Bestäuberin. Sie fliegt bei jedem Ausflug nur die Blüten einer Art an und trägt so den Pollen von Pflanze zu Pflanze. Nach der Befruchtung bilden sich die vielen Fallschirm-

ZU BLÜTE

samen, die vom Herbstwind überallhin verstreut werden. Wenn es im Frühjahr warm wird und der Regen dem Samen Wasser gibt, erwacht er. Eine erste Wurzel wächst und gräbt sich in den Boden ein. Ein Keim beginnt zu sprießen und stößt ans Tageslicht. Nun wächst der junge Löwenzahn, immer der Sonne entgegen, zu einer neuen Pflanze heran.

Schneckenbande

Die sanftmütigen Kriecher, die im Schneckentempo von drei Metern pro Stunde durch den Garten rasen, sind von Gärtnern nicht gern gesehen. Dabei ist es eine Freude, die Schnecken dabei zu beobachten, wie sie mit ihren lustigen Fühlern Grashalme erkunden oder senkrecht, sogar kopfüber, die Hauswand entlangschleichen. Dass ein Schneckenhaus leer ist, erkennt ihr bereits daran, dass es sehr leicht ist. Versichert euch dennoch, dass die Schnecke ausgezogen ist, bevor ihr das Haus für dieses Projekt verwendet.

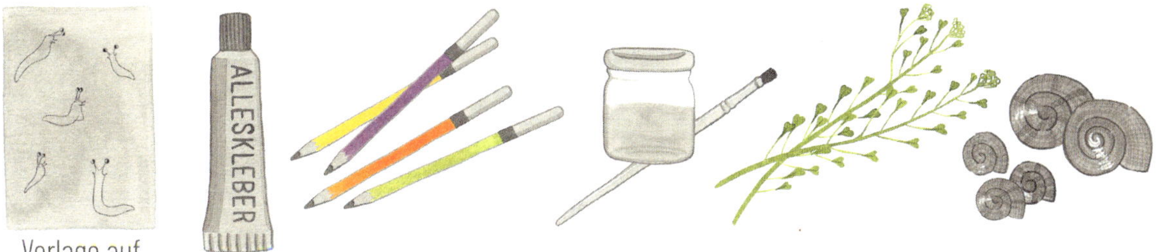

Vorlage auf Tonzeichenpapier — Buntstifte — Wasserleim + Pinsel — getrocknete Gräser — Schneckenhäuser

1 Malt die kopierten Schnecken mit euren Lieblingsfarben aus.

2 Tupft etwas Alleskleber auf die Rückseiten der Schneckenhäuser und befestigt diese an euren Schnecken

3 Legt getrocknete Gräser so an, dass die Schnecken ihnen entlangzukriechen scheinen. Wenn alles so liegt, wie es euch gefällt, hebt einen Halm nach dem anderen an, tupft etwas Wasserleim auf und drückt den Grashalm sanft fest. Lasst alles gut trocknen.

Blütenkunst

Mit Freunden durch die Wiesen jagen, Gräser flechten, Schneckenhäuser sammeln, Käfer suchen und Blumen pflücken – besonders im Sommer, wenn die Natur summt, brummt und blüht, kann man tolle Abenteuer erleben. Nehmt euer altes Buch zum Pressen von Blüten mit. Mit getrockneten und gepressten Blüten könnt ihr kleine, bunte Kunstwerke als Erinnerung an einen schönen Sommertag für eure Freunde basteln.

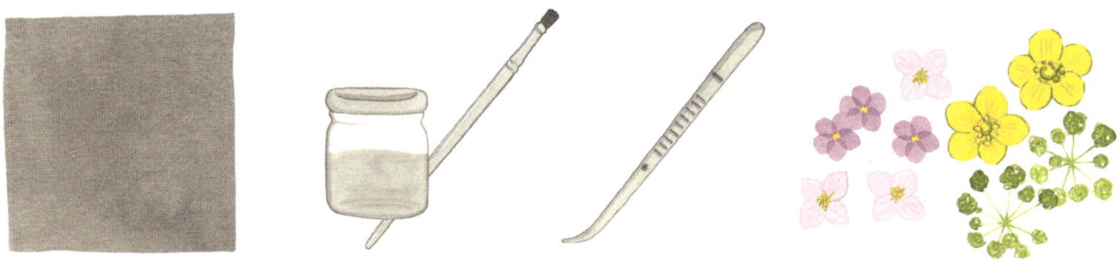

Tonzeichenpapier | Wasserleim + Pinsel | Pinzette | gepresste Blüten

1 Sucht euch ein Tonzeichenpapier in einer Farbe aus, die zu eurer Blütensammlung besonders gut passt. Die Blattgröße könnt ihr selbst bestimmen. Nun sortiert eure Blüten nach Größe, Farbe oder Form und legt sie künstlerisch auf das Papier auf.

2 Wenn ihr mit eurem Blütenbild zufrieden seid, hebt mit der Pinzette eine Blüte nach der anderen an, tupft den Wasserleim sparsam auf die Klebestelle und wiederholt dies mit jeder Blüte, bis das Kunstwerk komplett ist.

Freundschaftsarmband

Das schönste Geschenk für einen lieben Menschen ist ein selbst gemachtes Freundschaftsarmband. Diese Armbänder könnt ihr für euch selbst und für ein anderes Kind basteln. Steckt euch auf eurem nächsten Abenteuer durch Wiese und Hecke gegenseitig bunte Blütenschätze in das Band. Wie viele Blumen passen wohl in euer Freundschaftsarmband?

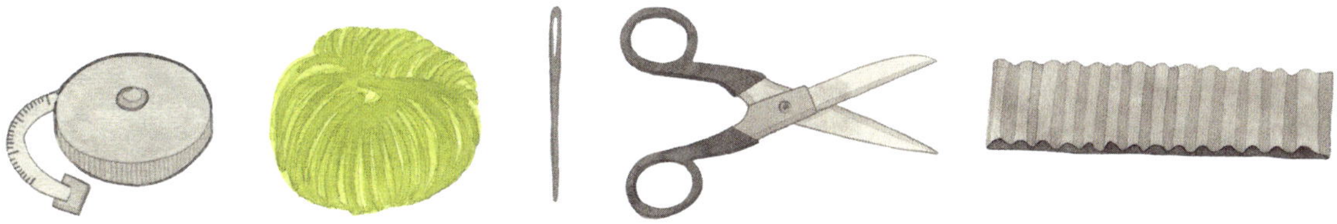

Maßband dicke Wolle Stopfnadel Bastelschere Wellpappe

1 Schneidet einen Streifen Wellpappe zu, der 10 cm lang und 1,5 cm breit ist. Achtet darauf, dass die Öffnungen der Pappe dabei auf der langen Seite liegen.

2 Fädelt einen 30 cm langen Wollfaden in die Stopfnadel ein und naht eine einfache Naht entlang der Mitte der Wellpappe. Stecht dabei immer durch die »Täler« der Wellpappe.

3 Der Wollfaden sollte auf beiden Seiten 10 cm länger sein als das Pappband. Ihr könnt damit euer Armband am Handgelenk befestigen. Bastelt nun ein zweites Armband und dekoriert beide mit Blumen und Gräsern.

Wiesenvilla

Habt ihr auch schon einmal im Gras gesessen und euch gewundert, wie es sich wohl als Ameise so leben ließe? Winzig klein und umringt von Grashalmen so groß wie Achterbahnen, Pfützen so endlos wie das Meer und Gräsern so hoch wie mächtige Eichen. Wie wäre es wohl, in einem kleinen Häuschen in dieser Welt zu wohnen und auf Käfern durch die Wiese zu reiten? Ein solches Haus könnt ihr euch hier selbst ausdenken und mit Gräsern und Blüten schmücken.

Vorlage auf Tonzeichenpapier · Wasserfarben · Cutter · Wasserleim + Pinsel · Pinzette · getrocknete Gräser

1 Bunt betupft, gestreift oder von der Haustür bis zum Schornstein lila … Bemalt die kopierte Vorlage eurer Wiesenvilla, wie sie euch gefällt.

2 Schneidet die Vorlage mit dem Cutter entlang der hier orange markierten Linie ein.

3 Nun steckt ihr die getrockneten Gräser in den Einschnitt und klebt die Grashalme mit Wasserleim fest.
Klebt auch ein paar Gräser neben und vor die Villa, damit sie in einem dichten Gräserwald steht.
Vielleicht steht bei euch auch noch ein Stöckchenzaun davor, oder aus dem Schornstein qualmen Pusteblumen?

FELD

Getreidesonne

Im April kitzelt die Sonne die ersten Seitentriebe des jungen Getreides aus der Erde heraus. Doch erst wenn die Tage wieder länger als die Nacht sind, sprossen die Halme und wachsen in die Höhe. Oben angekommen bilden sie die Ähren, an denen die Körner wachsen. Es braucht nun viel Sonne, um die Ähren zu trocknen, damit sie im späten Sommer geerntet werden können. Bastelt euch eine Sonne aus Goldähren, die das ganze Jahr in euren Zimmern scheint.

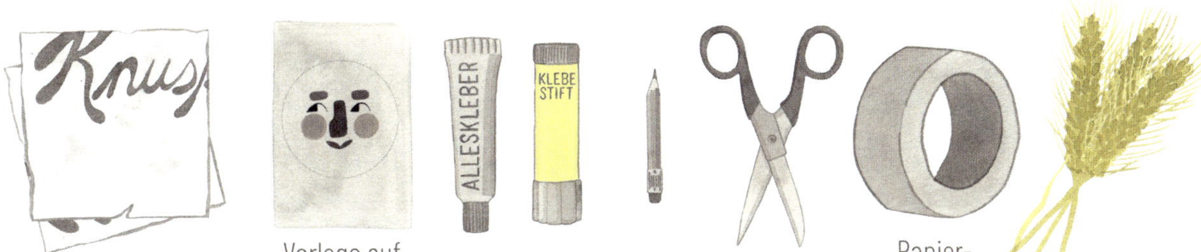

Müslikartons · Vorlage auf Tonzeichenpapier · Bleistift · Bastelschere · Papier-klebeband · Getreideähren

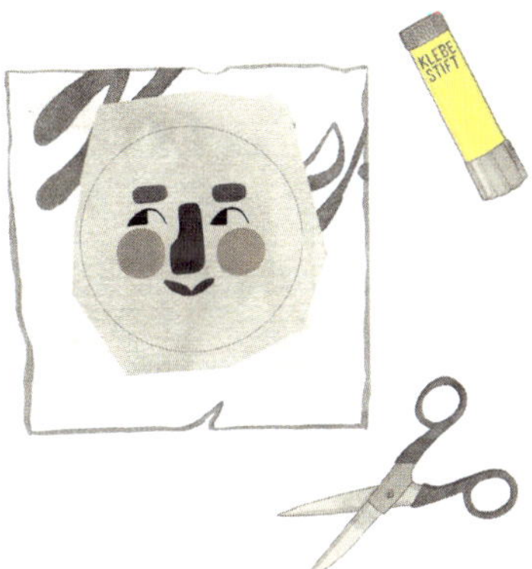

1 Klebt die kopierte Vorlage auf den Müslikarton und lasst sie trocknen. Schneidet dann die Sonne entlang der Linie aus.

2 Legt die Sonne auf ein weiteres Stück Müslikarton und umkreist sie mit dem Bleistift. Schneidet diesen zweiten Kreis ebenfalls aus.

3 Nun schneidet ihr die Ähren auf eine einheitliche Länge und befestigt sie am zweiten Kreis mit Papierklebeband.

4 Gebt etwas Alleskleber auf die Rückseite der Sonne und legt sie auf den Getreidekreis. Drückt alles gut fest und lasst es trocknen.

Maisblumen

Die Mohnblume lässt sich nicht gern pflücken. Sie blüht nur wenige Tage und meist fallen die zarten Blütenblätter bereits bei den ersten Berührungen ab. Die schönen Samenkapseln hingegen sind robust und eignen sich hervorragend als Bastelmaterial. Bereits im Juli, vier bis sechs Wochen nach der Blüte, bilden die ersten Mohnblumen ihre Kapseln. Schneidet sie an einem dritten Sonnentag in Folge in einer Länge von 20 bis 30 cm ab, bindet sie zusammen und hängt sie kopfüber zum Trocknen auf.

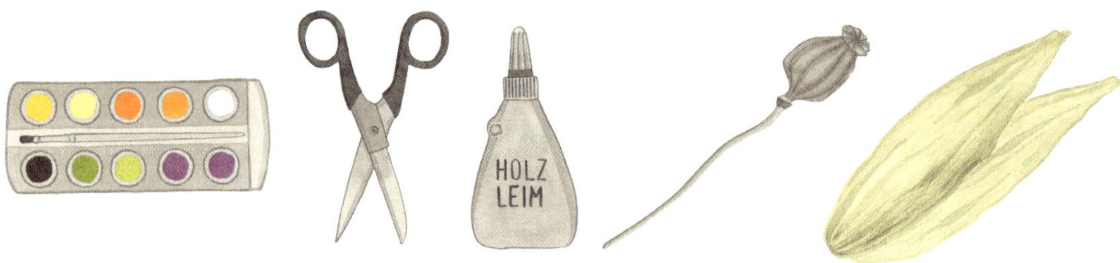

Wasserfarben Bastelschere Mohnkapsel Maisblätter

1 Bemalt die Maisblätter auf beiden Seiten in bunten Blumenfarben. Lasst alles gut trocknen.

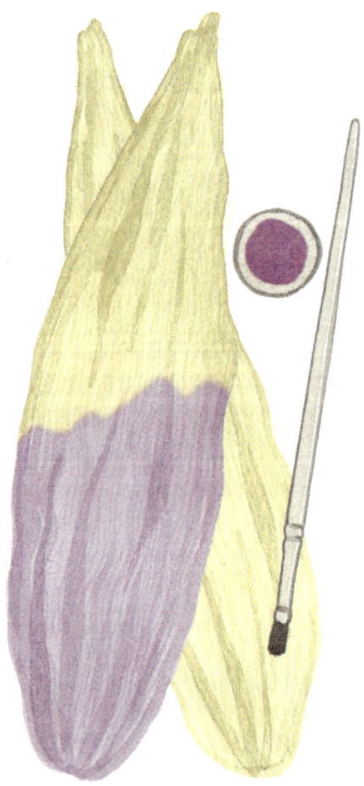

2 Nun schneidet ihr 3–4 cm lange Blütenblätter aus. Für eine Blume benötigt ihr acht Blütenblätter.

3 Mit dem Holzleim klebt ihr die ersten vier Blütenblätter kreuzförmig an die Unterseite der Samenkapsel. Wenn sie etwas angetrocknet sind, klebt ihr die anderen vier Blätter versetzt dahinter.

Ackergaul

Vor dem Traktor und dem Mähdrescher verrichteten Pferde die harte Arbeit auf den Feldern. Sie halfen dabei, das Getreide zu säen, es zu ernten und schließlich das Feld zu pflügen. In vielen Ländern auf der Welt ist das noch heute so. Eure Pferdeherde darf jedoch wild und frei über die Felder und Wiesen galoppieren und sich am Hafer sattfuttern.

Müslikarton · Holzstab · Vorlage auf Tonzeichenpapier · Bastelschere · 2 Musterbeutelklammern · Wäscheklammern · Getreideähren

1 Klebt die kopierte Vorlage auf den Müslikarton. Achtet darauf, dass die gesamte Fläche mit Kleber bedeckt und gut angedrückt ist.

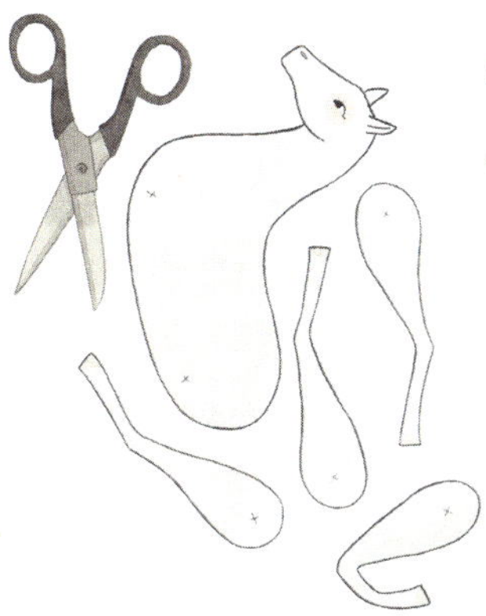

2 Schneidet alle Teile des Pferdes vorsichtig mit der Bastelschere aus.

3 Stecht mit der Bastelschere sechs Löcher an den markierten Stellen ein. Befestigt dann mit den Musterbeutelklammern jeweils zwei Beine am Körper.

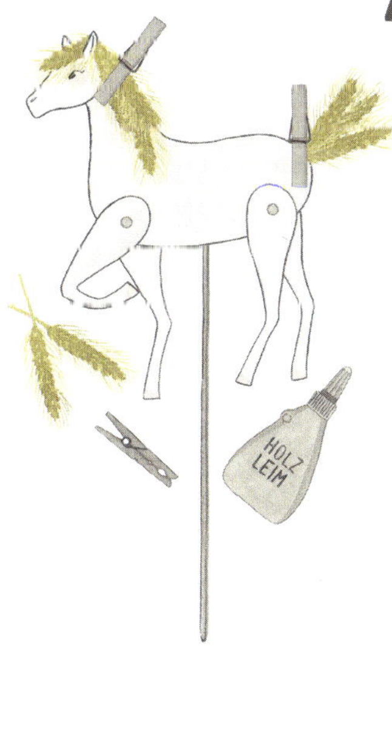

4 Nun leimt ihr eurem Pferd die Getreideähren als Mähne und Schweif an. Zum Schluss klebt ihr den Holzstab mit etwas Holzleim an die Rückseite des Pferdes. Befestigt die Ähren und den Stab mit Wäscheklammern, bis alles gut getrocknet ist.

Auf wilder Jagd durch die Prärie, stolz auf dem königlichen Ross durch die Ländereien oder im Mondlicht über weite Wiesen ... Wohin werdet ihr wohl reiten?

Sonnenblumen

Sonnenblumen sind wahre Sonnenanbeterinnen, denn ihre Knospen strecken sich an wolkenlosen Tagen der Sonne entgegen und wandern mit ihr von Ost nach West. Nachts drehen sie sich wieder nach Osten und erwarten dort den Sonnenaufgang. Wenn die Sonnenblumen erblühen, verbleiben sie hingegen nach Osten ausgerichtet. Ihre zahlreichen und köstlichen Körner sind eine wichtige Nahrungsquelle für Vögel. Ihr könnt sie sammeln und im Winter in einem Vogelhäuschen ausstreuen.

Tonzeichenpapier | Bleistift | Wasserleim + Pinsel | Pinzette | getrocknete Blüten von 2 kleinen Sonnenblumen

1 Tupft etwas Wasserleim kreisförmig auf das Papier und klebt die Blütenblätter fest. In der Mitte sollte eine kleine Fläche leer bleiben. Am besten ordnet ihr die Blütenblätter immer in Kreuzform an. So entsteht ein gleichmäßiger Kranz aus Blüten.

2 Wenn alle Blütenblätter gut getrocknet sind, könnt ihr den Sonnenblumen mit einem Bleistift Gesichter zeichnen.

WIE SPINNEN REISEN

Spinnen sind auf ihren acht Beinen sehr schnell. Längere Strecken legen sie allerdings am liebsten im Flug zurück. Dazu klettern einige Arten auf einen erhöhten Punkt und recken ihre Vorderbeine prüfend in die Höhe. Mit den feinen Härchen erfühlen sie so die Windrichtung. Wenn die Bedingungen für einen Abflug günstig sind, drehen sie ihren Hinterleib in die Richtung, in die der Wind bläst, und beginnen, Seidenfäden für ihre Luftreise zu spinnen. Wenn sich die unzähligen Fäden fächerförmig ausgebreitet haben, lösen sich die Spinnen vom Grashalm und schweben davon. Besonders gut kann man diese Reiselust im Spätsommer beobachten. Dann fliegen Tausende junge Spinnen an ihren Seidenballons durch die Landschaft und suchen nach einem geeigneten Ort, um ihr Netz zu bauen. Vielleicht weil die fliegenden Seidenfäden an graues Haar erinnern, nennen wir diese Zeit auch Altweibersommer.

Mohntanz

Der Arbeitstag auf dem Bauernhof beginnt mit dem ersten Hahnenschrei und endet mit dem Sonnenuntergang. Besonders vor der Erfindung der Erntemaschinen war das Landleben hart. Doch so hart am Tage auf den Feldern gearbeitet wurde, so ausgelassen wurde abends auf dem Dorfplatz getanzt. Lasst euer Kinderpaar, geschmückt mit Mohnblüten, Kornblumen und Ähren, durch die Felder tanzen.

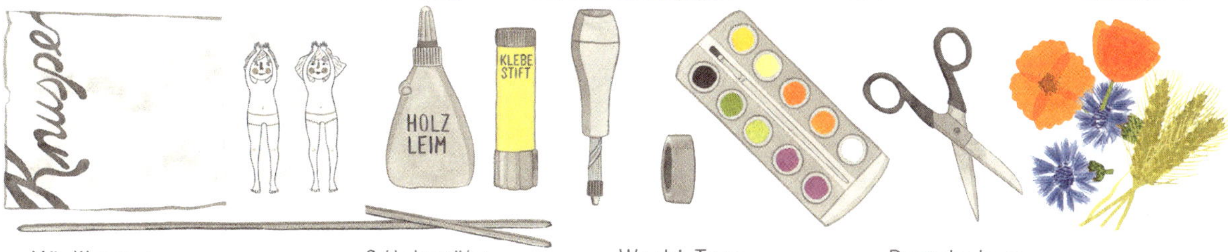

Müslikarton
Vorlage auf Tonzeichenpapier
2 Holzstäbe
Lochstanzer
Washi-Tape
Wasserfarben
Bastelschere
Blüten und Ähren

1 Klebt das kopierte Tanzpaar auf einen Müslikarton. Malt es mit Wasserfarben aus und lasst die Farbe trocknen.

2 Schneidet beide Kinder aus. Nun stanzt ihr mit dem Lochstanzer mehrere Löcher im Abstand von 1 cm in die Oberkörper.

3 Steckt die gesammelten Blüten und Ähren durch die Löcher. Ihr könnt ihre Stängel an der Rückseite mit Washi-Tape befestigen und ihnen so Halt geben.

4 Mit dem Holzleim klebt ihr zum Schluss die Holzstäbe an die Rückseite und lasst alles gut trocknen.

Acker-Alphabet

Weizen, Roggen und Gerste sind die häufigsten Getreidesorten, aus denen Brot, Kuchen und Nudeln hergestellt werden. Sie sehen sich sehr ähnlich, doch bei genauerem Hinschauen lassen sie sich gut unterscheiden. Die Grannen – das sind die borstigen Härchen, die von den Ähren abstehen – sind bei der Gerste sehr lang, beim Roggen etwas kürzer und beim Weizen fehlen sie gänzlich.

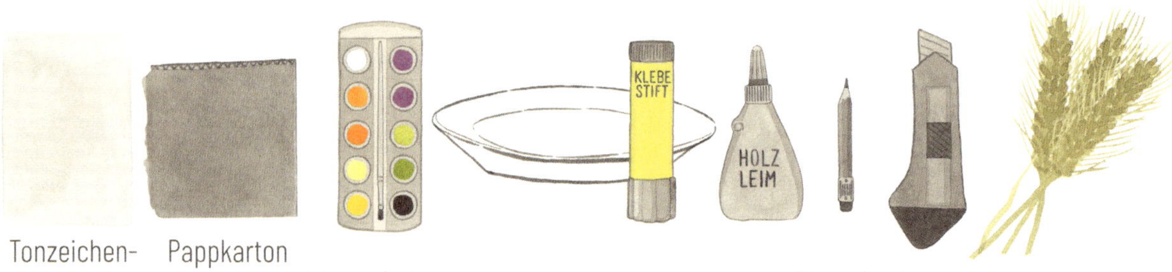

Tonzeichenpapier Pappkarton Wasserfarben kleiner Unterteller Bleistift Cutter Getreideähren

1 Klebt das Tonzeichenpapier auf den Pappkarton. Malt mit den Wasserfarben Streifen oder ein anderes Muster auf das Tonzeichenpapier.

2 Wenn alles gut getrocknet ist, legt ihr den Unterteller darauf und umkreist ihn mit dem Bleistift.

3 Nun schneidet ihr den Kreis mit dem Cutter entlang der Innenseite der Bleistiftlinie aus.

4 Mit dem Bleistift zeichnet ihr den Anfangsbuchstaben eures Namens in die Mitte des Kreises.

5 Zeichnet den Buchstaben mit Holzleim nach und befestigt die Ähren darauf. Presst die Ähren mit euren Fingern für ein paar Sekunden fest und lasst dann alles gut trocknen.

Feldvase

Getreide ist für uns ein wichtiges Grundnahrungsmittel und darum brauchen wir sehr viel davon. Doch Blumenwiesen werden von den riesigen Getreidefeldern verdrängt und viele Tiere verlieren so ihren Lebensraum. Um ihnen Nahrung, Unterschlupf und Schutz wiederzugeben, pflanzen viele Bauern an Feldrändern Blühstreifen. So finden Insekten wie Wildbienen, Feldvögel, die am Boden brüten, und Kleintiere wie die Feldmaus wieder einen Ort, an dem sie leben können. Denkt also daran, Blumen nur mit Erlaubnis oder von einem Feld zum Selbstpflücken zu schneiden.

Vorlage auf Kraftpapier

Buntstifte

Bastelschere

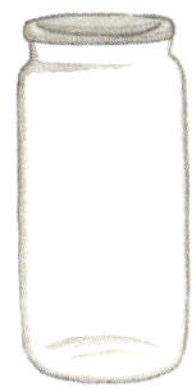

Marmeladenglas, maximal 17 cm hoch

1

Malt die kopierte Vorlage mit Buntstiften in euren Lieblingsfarben aus.

2

Schneidet die Vase mit der Bastelschere aus.

3

Zuletzt klebt ihr die Vase mit dem Klebestift auf das Marmeladenglas.

Erntekrönchen

Die Erntekrone schmückt zum Erntedankfest den Traktor, der die »letzte Fuhre« der Ernte einbringt. Traditionell wird sie aus Ähren und Feldblumen aufwendig und kunstvoll zusammengeflochten. Euer gebundenes Erntejuwel lässt sich am besten mit getrocknetem Getreide basteln. Bindet dazu kleine Sträuße und hängt sie zum Trocknen auf. Am schönsten wird die Krone, wenn ihr unterschiedliche Getreidesorten verwendet.

Maßband Wellpappe Bastelschere Maisblätter Ähren

1 Messt zuerst euren Kopfumfang mit dem Maßband. Dann rechnet ihr 2 cm dazu und schneidet einen 5 cm breiten Streifen in dieser Länge aus der Wellpappe zu. Die beiden Enden werden nun, 2 cm überlappend, zusammengeklebt. Drückt die Enden für ein paar Sekunden zusammen, damit sie gut halten.

2 Nun füllt ihr vorsichtig etwas Holzleim in die Öffnungen an der vorderen Seite der Wellpappe. Dort steckt ihr die Getreidehalme hinein. Wenn eure Krone gut gefüllt ist, legt sie zum Trocknen beiseite.

3 Zuletzt könnt ihr mit dem Holzleim die Maisblätter an der Innenseite der Wellpappe hinter den Ähren befestigen.

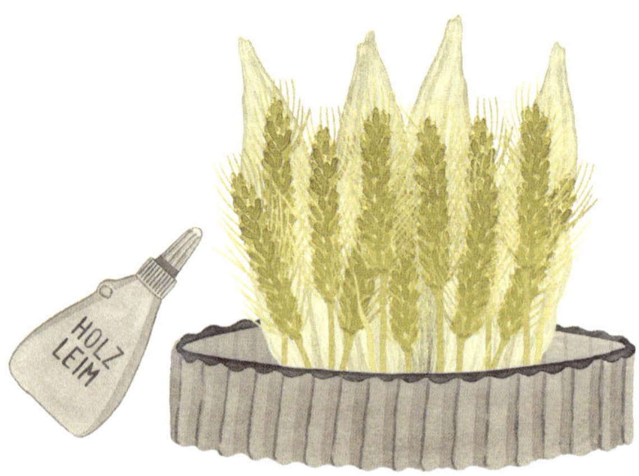

WALD

Waldgeister

Der Wald hat auf uns eine magische und geheimnisvolle Wirkung. Das Knacken von Zweigen in der Stille, der federnde Teppich aus Moos unter unseren Füßen und das endlos scheinende Grün der Baumkronen erwecken unsere Fantasie. Es ist also kein Wunder, dass es so viele Geschichten über Zauberwesen aus dem Wald gibt. Wie sehen sie wohl aus, diese Moosfrauen, Wurzelgnome und Waldschrate?

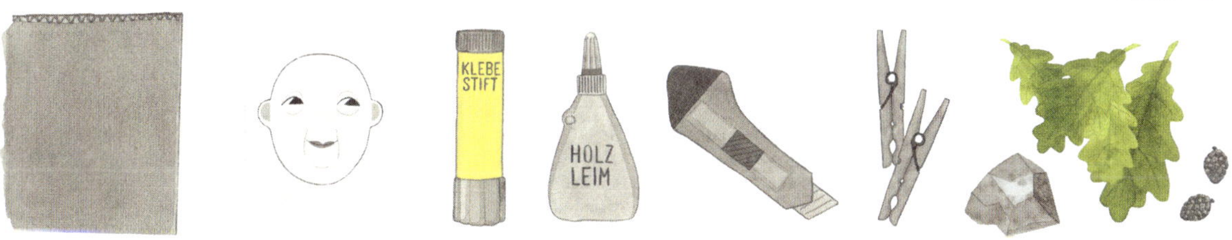

Pappkarton | Vorlage auf Tonzeichenpapier | Cutter | Wäscheklammern | Naturmaterialien

1 Klebt die kopierte Vorlage auf den Pappkarton und lasst sie gut trocknen.

2 Schneidet den Waldgeist mit dem Cutter vorsichtig aus.

3 Mit dem Holzleim klebt ihr dem Geist nun Nase, Haare und Schmuck an. Damit das Material auch hält, befestigt es mit ein paar Wäscheklammern, bis alles gut getrocknet ist.

BLÄTTERLING

Blätterlinge

Schmetterlinge gehören zu einer bunten Blumenwiese einfach mit dazu. Doch leben viele von ihnen auch im Wald. Die geheimnisvollen Waldtagfalter leben meist in den luftigen Höhen einer Baumkrone und lassen sich nur zur Nahrungssuche auf dem Waldboden nieder. Beobachten kann man sie daher nur mit viel Glück. Ob sie wohl so gut getarnt sind wie das Blattwerk und das Unterholz?

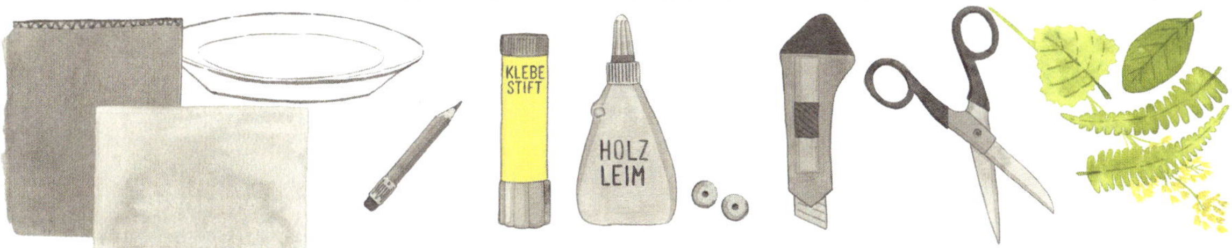

Pappkarton und Tonzeichenpapier · kleiner Unterteller · Bleistift · kleine Holzperlen · Cutter · Bastelschere · Naturmaterialien

1 Klebt das Tonzeichenpapier auf den Pappkarton und lasst es gut trocknen.

2 Legt den Unterteller auf das Papier und umkreist ihn mit dem Bleistift.

3 Schneidet den Kreis entlang der Innenseite der Bleistiftlinie mit dem Cutter aus.

4 Stellt euch einen Blätterling mit unterschiedlichen Naturmaterialien zusammen und klebt ihn mit dem Holzleim fest. Zum Schluss klebt ihr die Holzperlen als Augen an.

MOTTE

Moos-Igelchen

Der Igel wird gern mit einem Apfel, aufgespießt auf seinem Stachelkleid, dargestellt. Dabei frisst er weder Äpfel noch anderes Obst oder Gemüse. Der Igel ist ein Insektenfresser. Der stachelige Einzelgänger erwacht in der Abenddämmerung aus seinem Blätterbett und macht Jagd auf Schnecken, Spinnen oder Käfer. Begegnet ihm ein Fuchs oder eine Eule auf seinen Wegen, rollt er sich zu einer undurchdringlichen Stachelkugel zusammen. Das Mooskleid eures Igels ist allerdings schön sanft und zart. Viele Moose stehen unter Naturschutz und ihr müsst in einem Naturführer nachschlagen, welches Moos in eurem Wald gesammelt werden darf.

Pappkarton | Vorlage auf Tonzeichenpapier | Cutter | Bastelschere | getrocknetes Moos

1 Klebt die kopierte Vorlage auf den Pappkarton und lasst es gut trocknen.

2 Schneidet das Igelchen mit dem Cutter aus.

3 Tupft den Holzleim über die gesamte Fläche der Stacheln und drückt das getrocknete Moos sanft an. Wenn der Leim getrocknet ist, gebt ihr dem Igel mit der Bastelschere einen Haarschnitt, bis alles gut sitzt.

Waldmobile

Oft findet sie euch schneller als ihr sie: die Klette. Mit ihren feinen Häkchen haftet sie sich an eure Kleidung und lässt sich tragen. Kletten sind die Samenfrüchte der gleichnamigen Pflanze, und das Anhaften ist ihr ganz besonderer Trick, um sich zu verbreiten. Sie bleibt an Tierfellen oder Hosenbeinen hängen und wird so an einen neuen Standort transportiert. Dort kann sie, weit ab von der Mutterpflanze, wachsen. Kletten haften aber auch wunderbar aneinander. Probiert es aus!

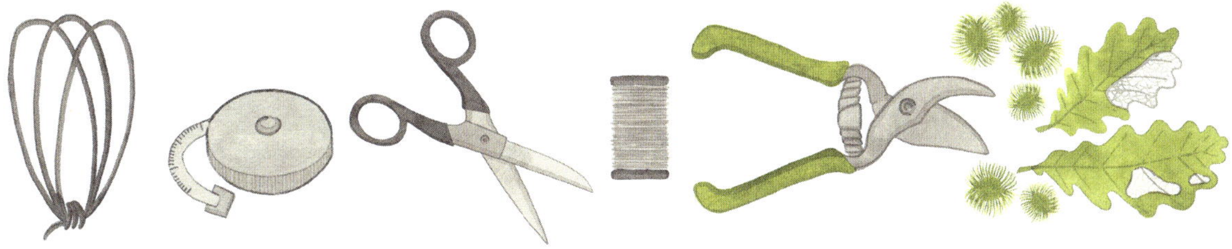

Blumendraht, mit Papier ummantelt · Maßband · Bastelschere · Nähgarn · kleine Gartenschere · Kletten und andere Naturmaterialien

1 Formt mit dem Blumendraht einen zweilagigen Ring mit einem Durchmesser von 25 cm. Eine dritte Lage wird um die ersten beiden herumgeschlungen, bis ein stabiler Drahtring entsteht.

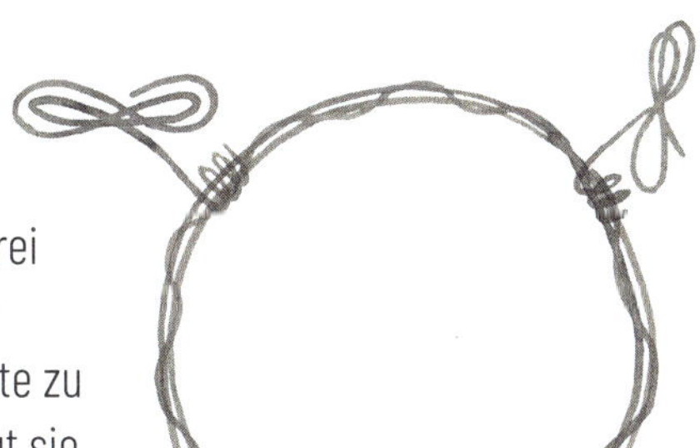

2 Schneidet drei 30 cm lange Blumendrähte zu und befestigt sie in regelmäßigen Abständen, indem ihr die einen Enden um den Ring wickelt.

3 Aus jeweils acht Kletten formt ihr drei Ringe. Ihr werdet sehen, dass sie ohne Leim aneinanderhaften.

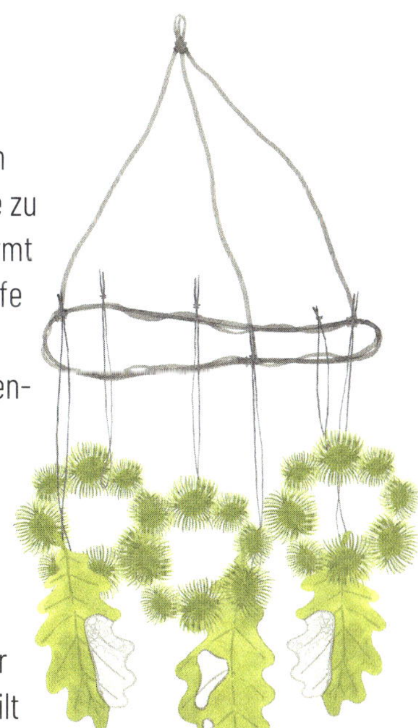

4 Dreht nun die drei losen Drahtspitzen ineinander, um sie zu verbinden, und formt eine kleine Schlaufe daraus. Fädelt jeden Kletten-ring und weitere Naturmaterialien je auf ein 20 cm langes Stück Nähgarn. Knüpft dann die Anhänger gleichmäßig verteilt am Drahtring fest.

DIE PUPPENSTUBE

Die nimmersatte Raupe des Schmetterlings ernährt sich von Gräsern und Blättern. Dabei gewinnt sie so schnell an Gewicht, dass sie mehrmals ihre Haut abwerfen muss. Bevor sie sich verpuppt, verankert sie sich mit einem Gespinstfaden, entweder kopfüber oder wie mit einem Gürtel, fest an einen Zweig. Dann legt sie ein letztes Mal ihre Haut ab und wird zur Puppe. Nun entwickelt sich die Raupe

in der schützenden Hülle zum Schmetterling. Nach ungefähr zwei Wochen kämpft sich der junge Schmetterling aus seiner Puppenstube frei. Er klettert an einen sonnigen Fleck, und wenn seine Flügel getrocknet sind, fliegt er in die Welt hinaus.

Rindenschmuck

An ihrem auffälligen weiß-schwarzen Stamm könnt ihr die Birke schon aus der Ferne erkennen. Im Sommer sind die Birkenstämme besonders saftig und die Rinde lässt sich sehr leicht abziehen. Haltet in Birkenwäldchen Ausschau nach heruntergefallenen Ästen und nach Rinde, die sich von allein vom Stamm gelöst hat. Mit dem lederähnlichen Material könnt ihr wunderbar basteln.

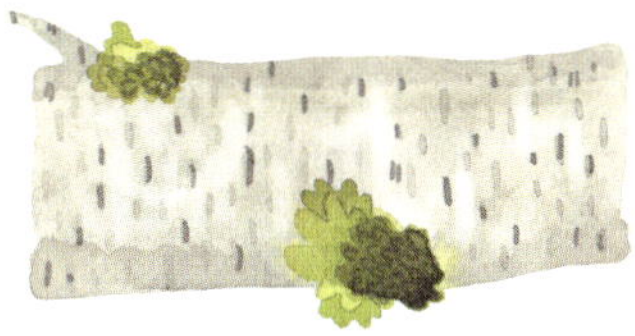

ein heruntergefallener Birkenast

Cutter

Naturmaterialien

1 Oft findet ihr abgefallene Birkenrinden schon am Fuß der Bäume. Doch ihr könnt einen Rindenring auch von einem kleinen, heruntergefallenen Ast gut ablösen. Ritzt dazu den Ast mit dem Cutter zweimal rundherum ein. Dann macht ihr einen Längsschnitt, der die beiden Kerben verbindet. An der Stelle könnt ihr die Rinde nun vorsichtig lösen.

2 Die Innenseite der Rinde wird noch etwas feucht sein. Der Saft der Birke hat jedoch heilende Kräfte und ihr könnt den Armreif getrost umlegen. Nun sammelt ihr Gräser, Blätter, Blüten und was ihr sonst noch Schönes findet und schmückt euren Armreif.

Kuckuck

Vor allem im Mai und Juni ist der Ruf des Kuckuckmännchens gut zu hören. Das laute »Kuckuck« hat dem Vogel seinen Namen gegeben. Doch bekannt ist er auch für die freche Art, seine Eier in fremde Nester zu legen und somit anderen Vögeln das Ausbrüten und Füttern der Jungvögel zu überlassen. Das wunderschöne Federkleid des Kuckucks könnt ihr hier mit getrockneten Blättern gestalten.

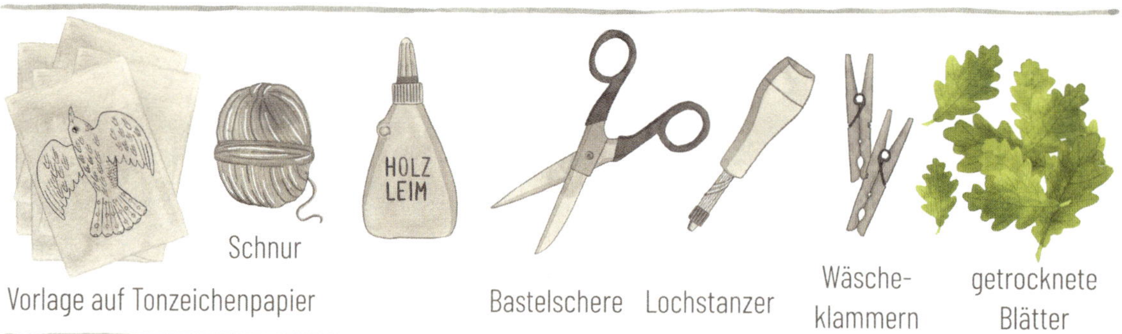

1 Kopiert die Kuckuckvorlage fünfmal und schneidet die Vögel sorgfältig aus.

2 Stanzt mit dem Lochstanzer zwei Löcher an den markierten Stellen.

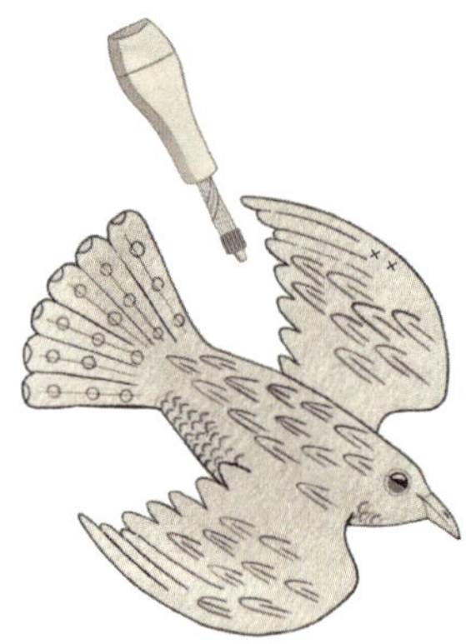

3 Mit etwas Holzleim klebt ihr das Blätterkleid auf die Vögel. Befestigt die Blätter mit Wäscheklammern, bis alles getrocknet ist.

4 Schneidet eine circa 2 m lange Schnur zu und fädelt die Vögel darauf auf. Nun könnt ihr den Kuckucksschwarm aufhängen.

Waldkauz

Am Tag schläft der Waldkauz mit aufgeplustertem Gefieder in einer Baumhöhle. Durch sein rindenfarbiges Federkleid ist er gut getarnt und in seinem Versteck nur schwer zu entdecken. In der Abenddämmerung erwacht er und beginnt mit der Suche nach kleinen Mäusen, Fischen und Käfern. So manchen gruselt der markante Ruf des Männchens, der bei Nacht aus dem Wald schallt.

1 Ritzt einen heruntergefallenen Birkenast mit dem Cutter zweimal rundherum ein. Dann macht ihr einen Längsschnitt, der die beiden Kerben verbindet. Löst die Rinde nun vorsichtig ab. Zu Hause beschwert ihr sie mit Büchern und lasst sie trocknen.

2 Nun bastelt ihr die Maske. Dazu schneidet ihr im Abstand von 4 cm zwei Löcher mit je einem Durchmesser von 2,5 cm aus. Am unteren Rand macht ihr eine geschwungene Aussparung für die Nase. Aus den Resten könnt ihr nun den spitzen Schnabel ausschneiden. Mit dem Lochstanzer gebt ihr dem Schnabel seine Löcher.

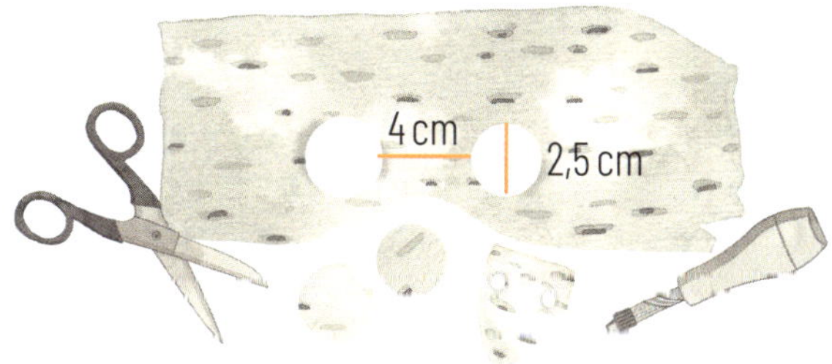

3 Klebt den Schnabel an und dekoriert die Maske mit getrockneten Blättern. Befestigt sie mit Wäscheklammern, bis alles gut getrocknet ist.

4 Zum Schluss stanzt ihr 3 cm links und rechts der Augenhöhlen je ein Loch in die Maske und befestigt dort das elastische Band. Passt die Länge des Bandes eurem Kopf an.

Käferkino

Manchmal sieht man den Wald vor lauter Bäumen nicht. In den scheinbar endlosen Weiten des Waldes fällt es schwer, die kleinsten Bewohner zu entdecken. Im Käferkino allerdings gibt es immer etwas zu sehen. Richtet das Kino auf einen Ameisenhaufen und verfolgt eine Ameise. Beobachtet, wo sie die Tannennadel hinträgt. Oder legt das Kino auf den Waldboden und seid gespannt darauf, wer vorbeigekrabbelt kommt.

Pappkarton

Vorlage auf Tonzeichenpapier

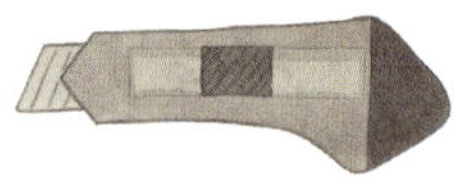
Cutter

1

Klebt die kopierte Vorlage auf den Pappkarton.

2

Schneidet das Käferkino nun mit dem Cutter aus.

STR

AND

Ohrenqualle

Keinen Mund, keine Nase und auch keine Ohren hat die Ohrenqualle. Aber sie kann zwischen hell und dunkel unterscheiden, Gerüche wahrnehmen und mit ihren Tentakeln allerlei ertasten. Fast durchsichtig gleitet das schwabbelige Tier, angetrieben von Meeresströmungen, durch das salzige Wasser. Eure Qualle lebt allerdings an Land, und ihr könnt ihr mit Naturmaterialien von Strand und Düne lange Tentakel anlegen.

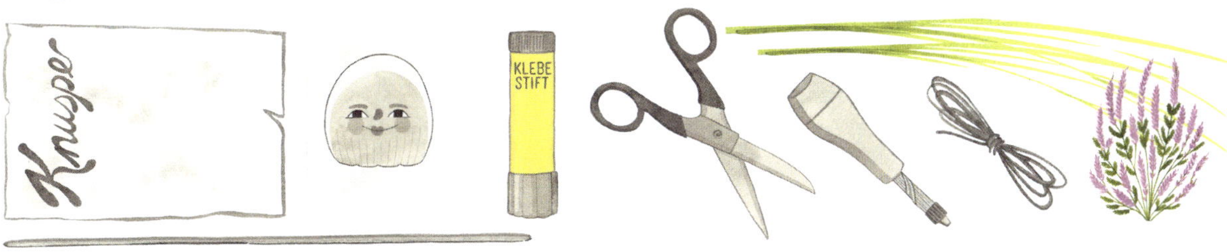

Müslikarton Holzstab Vorlage auf Tonzeichenpapier Bastelschere Lochstanzer Lederband Naturmaterialien

1 Klebt die kopierte Vorlage auf den Müslikarton.

2 Schneidet sie aus und stanzt mit dem Lochstanzer vier Löcher an den markierten Stellen.

3 Fädelt etwas Lederband durch das obere Loch und knotet es an das Ende des Holzstabes. Legt euch drei Tentakel aus Strandgras zurecht und verknotet sie jeweils mit einem Stück Lederband. Die Enden der Bänder steckt ihr durch die drei Löcher unten an der Qualle und befestigt sie mit einem Doppelknoten.

Muschelschmuck

Die Muschelschale ist einer der größten Schätze, die ihr an unseren Stränden finden könnt. Oft liegen sie zuhauf am Strand. Doch ihr werdet keine zwei Hälften finden, die genau aufeinanderpassen. Nur die Schalen ein und derselben Muschel lassen sich schließen.
Die kostbaren Perlen werden nur von wenigen Muschelarten gebildet. Ihr könnt aber jeder Muschel eine schöne Holzperle einsetzen und eure selbst gestalteten Schmuckstücke um den Hals tragen.

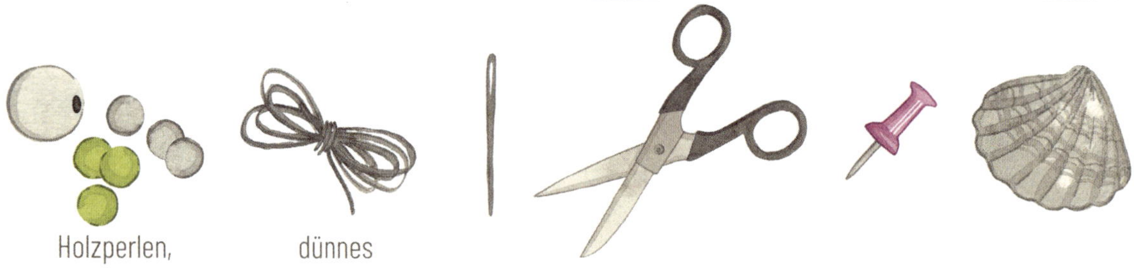

Holzperlen, verschiedene Größen | dünnes Lederband | Stopfnadel | Bastelschere | Reißzwecke | Muschelschale

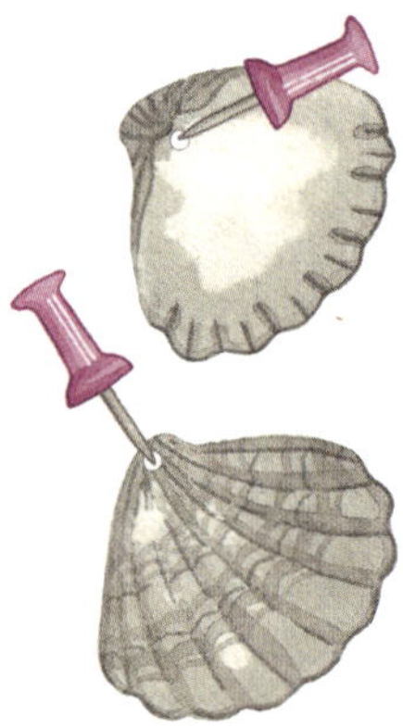

1 Legt die Muschel mit der Innenseite nach oben auf einen weichen Untergrund, zum Beispiel den Teppich. Dann bohrt ihr mit der Reißzwecke durch vorsichtige Drehungen ein Loch in die äußerste Ecke der Muschel.

2 Fädelt das Lederband in die Stopfnadel ein. Dann steckt ihr die Nadel zuerst durch das Muschelloch, dann durch eine Holzperle und wieder zurück durch das Muschelloch.

3 Zieht das Lederband so zurecht, dass es auf beiden Seiten gleich lang ist und die Muschel mittig festsitzt. Nun fädelt ihr kleine Holzperlen auf, ganz wie es euch gefällt.

4 Zum Schluss knotet ihr das eine Ende des Lederbandes zu einer Schlaufe. Am anderen Ende knotet ihr eine mittelgroße Holzperle fest. Zusammen bilden sie den Verschluss.

Lachmöwe

In großen Schwärmen ziehen Möwen fröhlich kreischend über die Küstenlandschaft. Sie scheinen sich Geschichten zu erzählen, um dann in herzhaftes Gelächter auszubrechen. Die geselligen Vögel wechseln ihr Federkleid zweimal im Jahr. Im März mausern sie sich und tauschen ihr weiß-graues Winterkleid gegen das Prachtkleid mit der dunkelbraunen Haube. Mit gesammelten Federn könnt ihr euren Möwen das sommerliche Federkleid anlegen.

Müslikarton · Vorlage auf Tonzeichenpapier · Bastelschere · roter Buntstift · Cutter · 2 Treibholzstöcke · große Federn

1

Klebt die kopierte Vorlage auf den Müslikarton und lasst sie gut trocknen.

2

Malt den Schnabel mit einem roten Buntstift aus. Dann schneidet die Möwe aus.

3

Schneidet die Möwe mit dem Cutter entlang der hier orange markierten Linie ein. Dort steckt ihr die Federn hinein, bis sie einen schönen Flügel bilden. Befestigt sie auf der Rückseite mit etwas Holzleim.

4

Klebt nun weitere Federn mit dem Holzleim an, um die Schwanzfedern zu formen. Zum Schluss klebt ihr auf der Rückseite die Treibholzbeine an. Lasst alles gut trocknen.

Damit eure Möwe zu Hause ihren Platz finden kann, könnt ihr sie in einen alten Ziegelstein hineinstecken oder ihr »Hühnergötterfüße« geben. Hühnergötter sind Steine mit einem oder mehreren natürlich entstandenen Löchern.

Stranddorf

Kaum ein Naturmaterial wird so gern gesammelt wie Steine. Sie sind unfassbar alt, es gibt sie in allen Farben und keine zwei sind identisch. Die Kieselsteine, die wir am Strand finden, waren einst kantig und eckig. Über Tausende von Jahren werden sie in Flüssen und Meeren rundgeschliffen. Sie stoßen dabei immer wieder mit anderen Steinen zusammen und werden von den Strömungen über den Meeresboden gerollt. Schließlich werden sie an den Strand gespült, wo wir mit ihnen schöne Dinge bauen können.

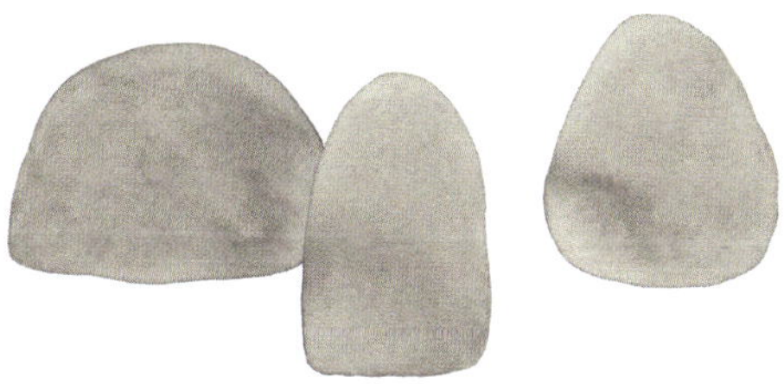

große, flache Steine

Acrylstifte

Naturmaterialien

1 Streift den gröbsten Sand mit den Fingern von den Steinen ab und legt sie in die Sonne, bis sie trocken sind.
Dann malt ihr mit den Acrylstiften einfache Häuschen auf die Steine.

2 Wenn die Acrylfarbe getrocknet ist, steckt ihr die Steinhäuschen in den Sand und baut mit den anderen Naturmaterialien, die ihr am Strand gefunden habt, euer Dorf.

Der Fischer und seine Frau

»Manntje, Manntje, Timpe Te, Buttje, Buttje in der See … «, so beschwört der arme Fischer den Zauberfisch, um ihn immer wieder um neue Reichtümer für seine gierige Frau Ilsebill zu bitten. Vielleicht kennt ihr dieses Märchen der Gebrüder Grimm ja auch. Wie der Fischer und seine Frau aussahen, könnt ihr euch mit Fundstücken aus dem Meer ausdenken. Sieht dieses Stück Treibholz nicht aus wie die knubbelige Nase eines Fischers?

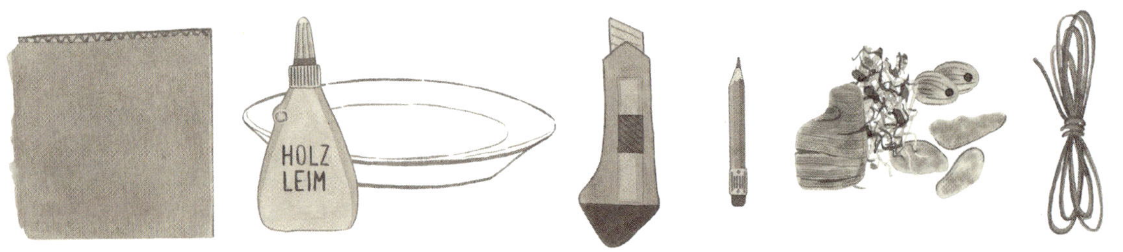

Pappkarton kleiner Unterteller Cutter Bleistift Naturmaterialien Lederband

1

Legt den Unterteller auf den Pappkarton und umkreist ihn mit dem Bleistift.

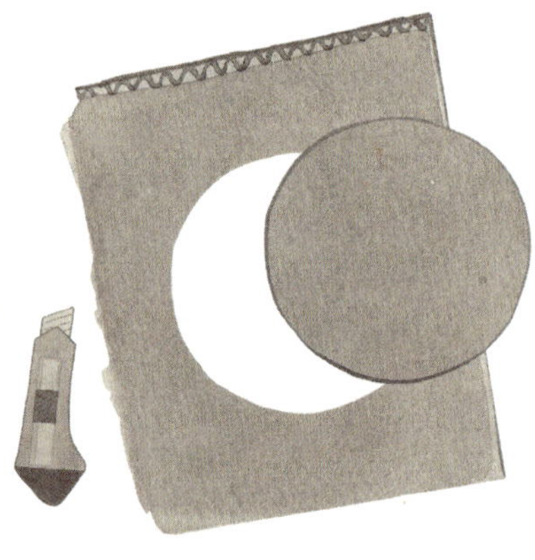

2

Schneidet den Kreis mit dem Cutter sorgfältig aus.

3

Legt die Naturmaterialien so an, dass sie ein lustiges Gesicht ergeben. Klebt sie mit dem Holzleim fest.

4

Mit dem Lederband könnt ihr am oberen Rand eine Schlaufe befestigen, damit ihr das Gesicht aufhängen könnt.

DIE MIESMUSCHEL

Dicht an dicht liegen die Miesmuscheln fest verankert an küstennahen Felsen. Ein Muschel-Elternpaar legt im Frühjahr fünf bis zwölf Millionen Eier, die befruchtet frei im Meer schweben. Nach zwei Wochen schlüpfen aus ihnen kleine Muschellarven, die sich einen Monat lang treiben lassen, während sie sich entwickeln. Schließlich sinken die schon als Muscheln erkennbaren Larven in Richtung Meeresboden. Sie setzen sich auf Steinen, im Sand oder

auf Seegras fest und finden dort ihren endgültigen Platz. Eine erwachsene Miesmuschel kann bis zu zwei Liter Wasser pro Stunde filtern. Sie reinigt das Wasser von Plankton und Bakterien und ist somit ein wichtiges Mitglied im Ökosystem Meer. Um von den Strömungen des Meeres nicht davongetragen zu werden, hält sich die Muschel mit moosartigen Fäden am Felsen fest. Diese Fäden verleihen der Miesmuschel ihren Namen, denn »Moos« heißt im Althochdeutschen »Mies«.

Fischschwarm

Folge dem Fisch vor dir und schwimme so schnell wie der Fisch neben dir! Das sind die einzigen Regeln in einem Fischschwarm. Ein Fisch erfühlt kleinste Veränderungen in der Wasserströmung und kann blitzschnell reagieren, wenn sich ein Raubfisch nähert. Der Fisch neben ihm spürt seine Bewegung ebenso schnell. Auch ein riesiger Schwarm kann so, in atemberaubender Geschwindigkeit, seine Richtung wechseln. Euer kleiner Fischschwarm allerdings lässt sich faul im kühlen Meer treiben.

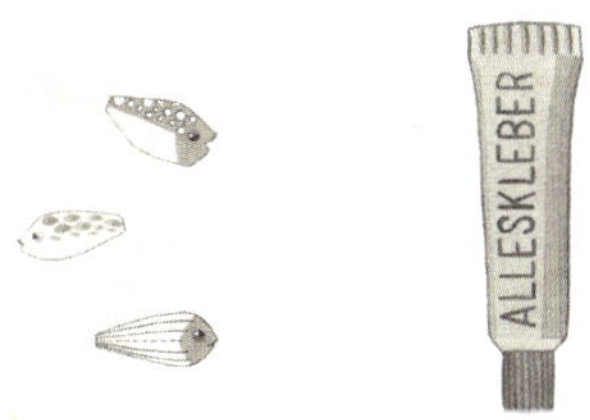

Vorlage auf Tonzeichenpapier

kleines Treibgut wie Seeglas, Holz und Steine

1 Breitet eure Fundstücke vor euch aus und schaut, welche von ihnen wie Flossen aussehen.

2 Dann legt ihr die Flossen den Fischen auf der kopierten Vorlage an und klebt sie mit Alleskleber fest. Lasst den Kleber gut trocknen.
Nun könnt ihr den Fischschwarm als Erinnerung an euren letzten Strandurlaub in eurem Kinderzimmer aufhängen.

Schutzgeist

Der Zauber einer Feder beflügelte schon die Fantasie indigener Völker Amerikas. Besonders schöne Federn wurden ins Haar oder an die Kleidung gesteckt und erzählten von großen Taten und Tapferkeit. Euer selbst gestalteter Schutzgeist soll euch schöne Träume schenken – vielleicht sogar vom Fliegen mit kräftigen Flügelschlägen über weiße Strände und blaue Meere.

großer Nagel kleiner Hammer großes und kleines Treibholzstück Feder

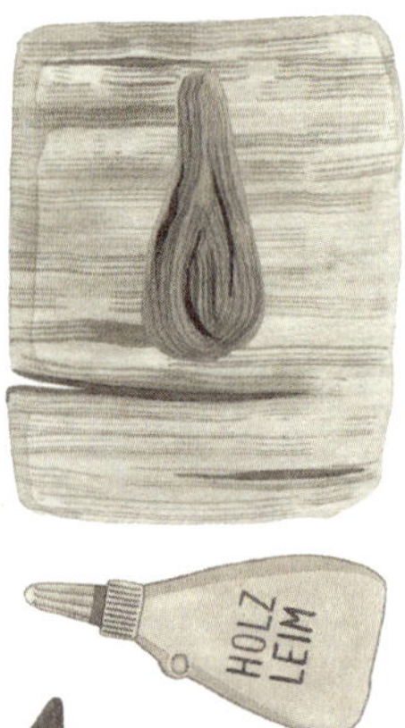

1

Klebt das kleinere Treibholz als Nase mit dem Holzleim auf das größere Holzstück. Lasst es trocknen.

2

Setzt den Nagel an der Stelle, an der ihr die Augen haben möchtet, an und schlagt ihn mit ein paar Hammerschlägen vorsichtig ein. Mit Drehbewegungen zieht ihr den Nagel wieder heraus.

3

Hämmert auf die gleiche Weise ein Loch in die Oberkante des Gesichtes.

4

Dort steckt ihr die Feder eures Schutzgeistes hinein. Ihr könnt sie mit etwas Holzleim zusätzlich befestigen.

Es war einmal am Strand

Es war einmal eine Möwe, die schlurfte in ihren Gummistiefeln gelangweilt über eine einsame Insel. Da steckte plötzlich ein regenbogenfarbener Hai seinen Kopf aus dem Wasser. Er war sehr nett und so unterhielten sie sich im Sonnenschein am Strand. Der Hai erzählte der Möwe, dass er ein berühmter Piratenkapitän sei, und berichtete von versunkenen Schiffen tief unten im Meer. Da bedauerte die Möwe sehr, dass sie sich nicht auf solche Unterwasserabenteuer begeben konnte. Also schenkte ihr der Regenbogenhaifischpiratenkapitän ein U-Boot. Seither erleben sie gemeinsam aufregende Abenteuer in den Weiten der Meere.

Vorlage

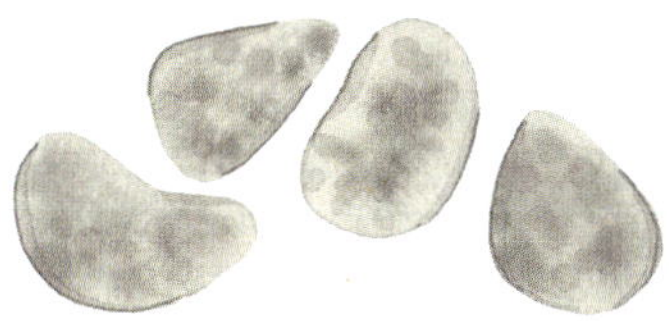

12 saubere flache Steine

Acrylstifte

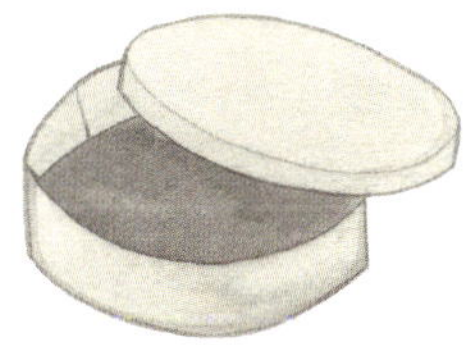

Spanschachtel

1 Legt euch die Vorlage und die zwölf Steine zurecht.
Nun zeichnet ihr auf den Steinen die Figuren von der Vorlage ab. Ihr müsst dabei nicht zu genau arbeiten, denn ihr habt als Künstler und Künstlerinnen eure eigene Handschrift.
Ihr könnt auch eigene Motive auf eure Steine zeichnen.

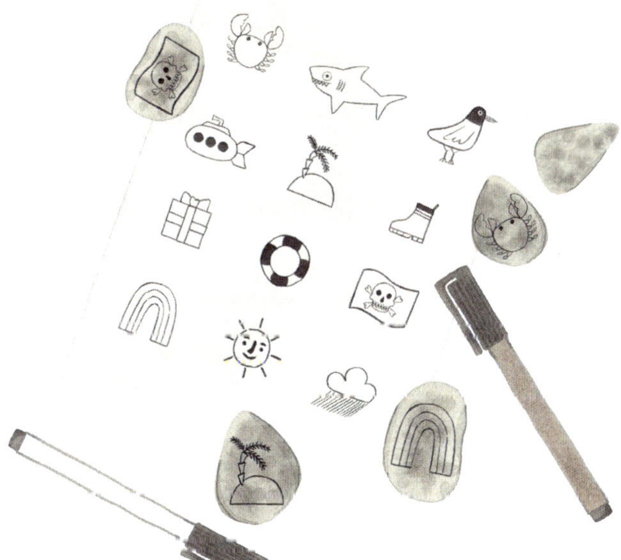

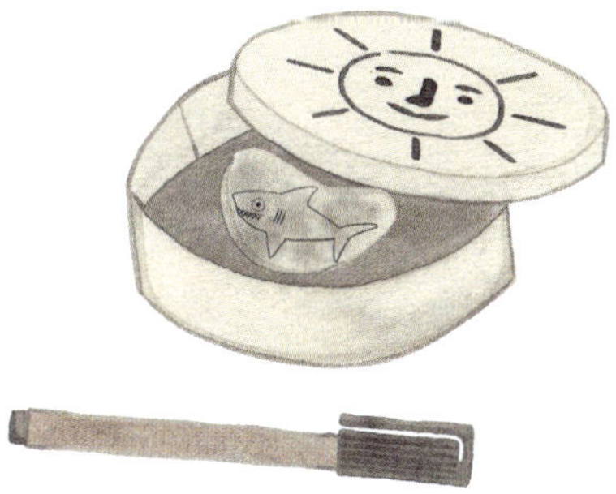

2 Zum Schluss könnt ihr eine große Spanschachtel bemalen und die Steine darin aufbewahren oder verschenken. Welche Geschichten werdet ihr euch wohl erzählen?

Segelregatta

Wie Wolken gleiten die Segelboote mit ihren weißen Segeln vor dem Horizont ihrem nächsten Abenteuer entgegen. Die von der Sonne aufgewärmte Pfütze am Strand ist der perfekte Ort für ein kleines Rennen mit euren selbst gebauten Holzbooten. Schaut dabei zu, wie der Wind die Federsegelboote sanft vorantreibt und sie kleine Wellen überwinden lässt. Welches Boot wird wohl zuerst am anderen Ufer ankommen?

großer Nagel   kleiner Hammer   kleine Treibhölzer   kleine Federn

1 Setzt den Nagel in der Mitte des Treibholzes an und schlagt ihn mit ein paar Hammerschlägen vorsichtig ein, bis er auf der anderen Seite wieder herauskommt. Mit leichten Drehbewegungen zieht ihr den Nagel wieder heraus.

2 Nun steckt ihr eine Feder in das Loch. Wie viele Boote wird eure Regatta wohl haben?

VORLAGEN

Auf den nächsten Seiten findet ihr alle Vorlagen, die ihr für das Basteln mit diesem Buch braucht. Sie sind alle maßstabgetreu und ihr könnt sie abpausen, kopieren oder einscannen und ausdrucken. Die meisten Drucker für den häuslichen Gebrauch können Papier von einer Stärke bis 220 g/m^2 drucken. Trotzdem ist es wichtig, dass ihr vorher nachlest, was mit eurem Drucker möglich ist.

Im Kopierladen könnt ihr euch die Vorlagen einfach kopieren lassen. Dort habt ihr auch die Möglichkeit, auf dickeres Papier oder ein größeres Format – zum Beispiel DIN A3 – zu kopieren.

Wenn ihr die Vorlagen beim Basteln auf Karton aufklebt, achtet darauf, dass die ganze Fläche mit Kleber bedeckt ist.

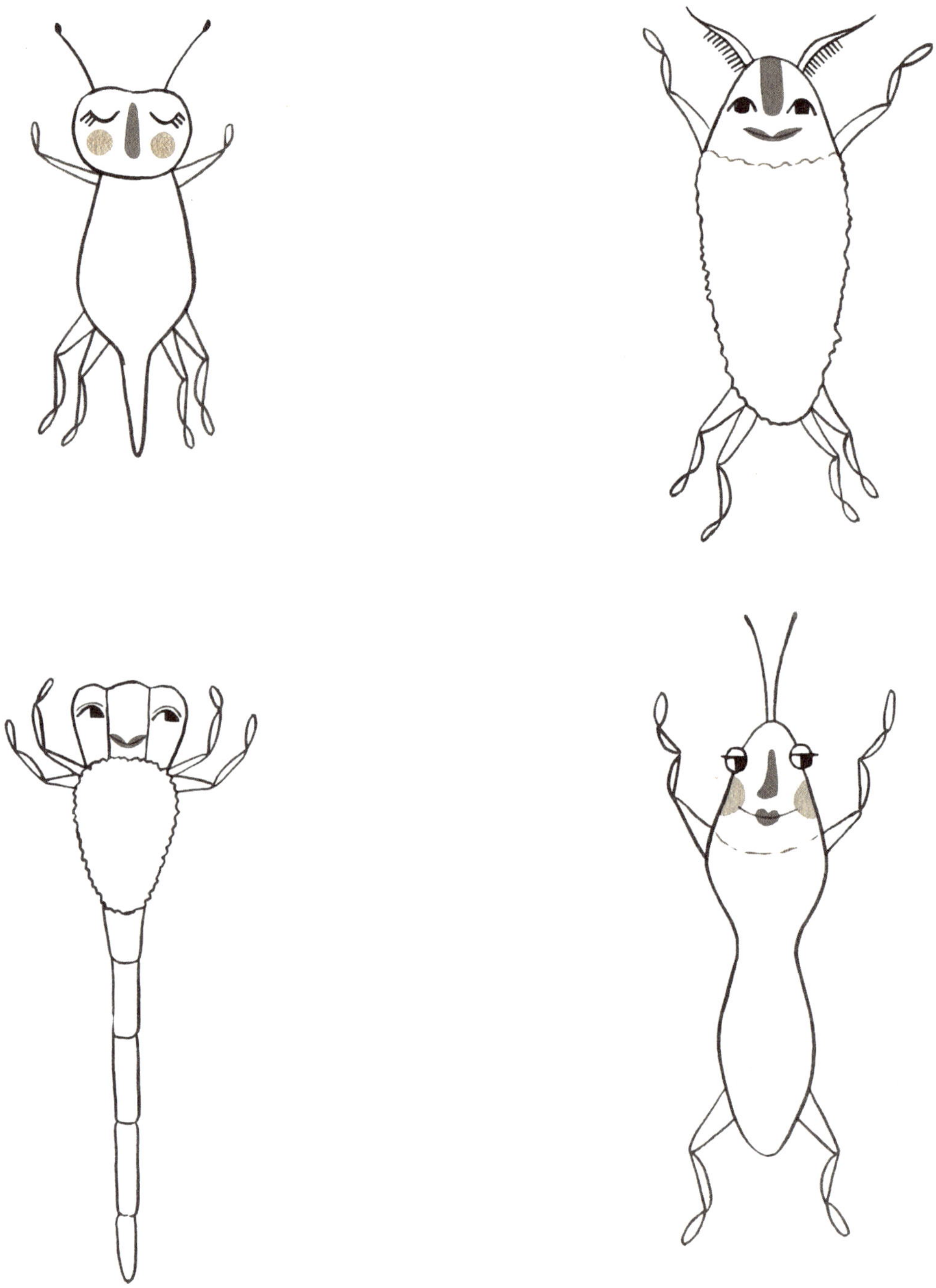

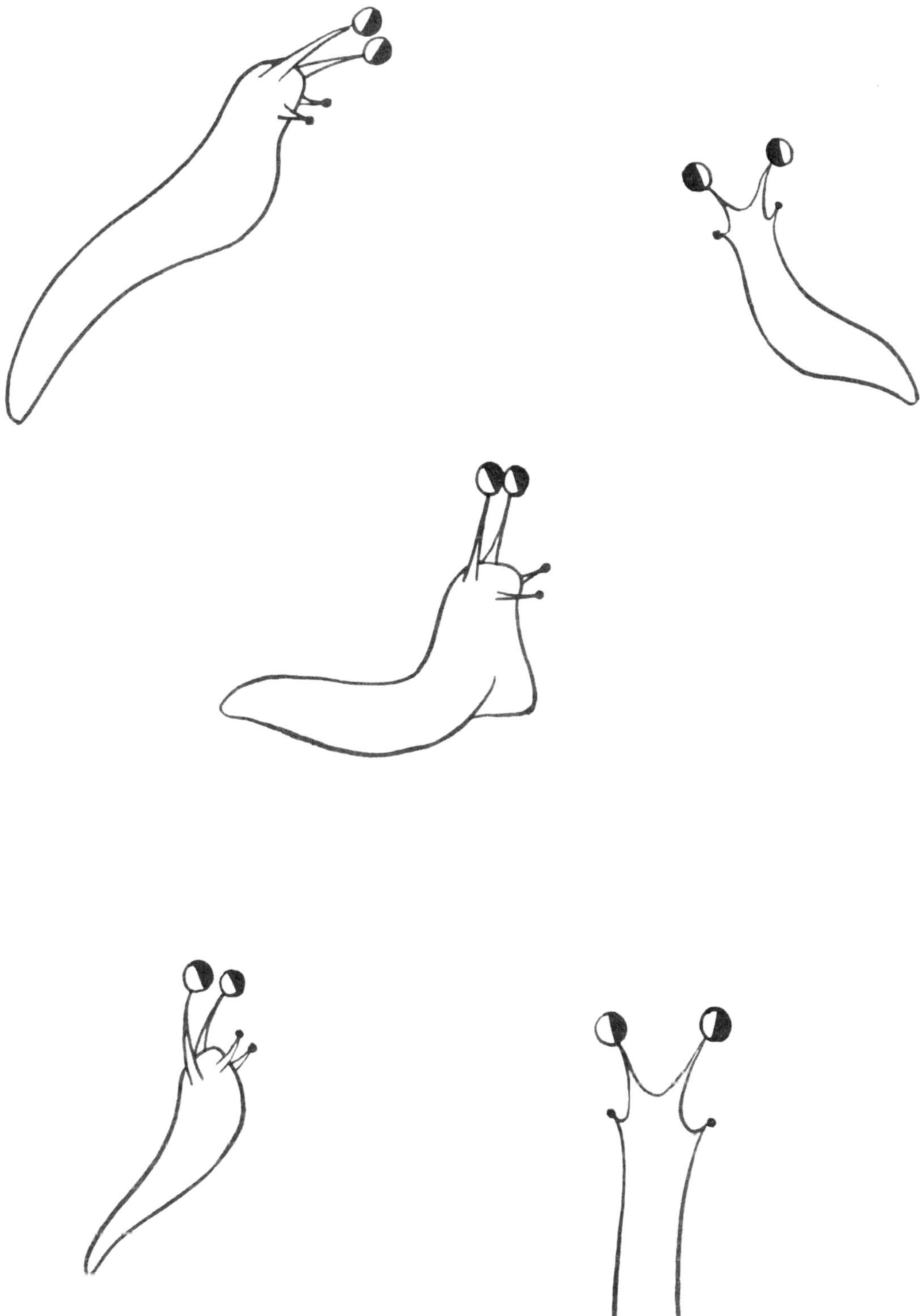

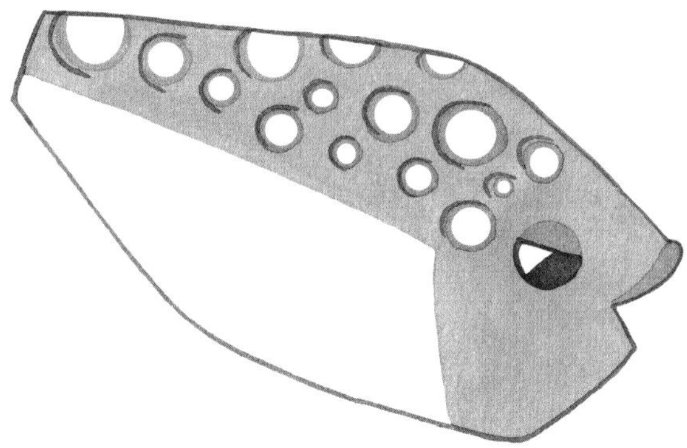

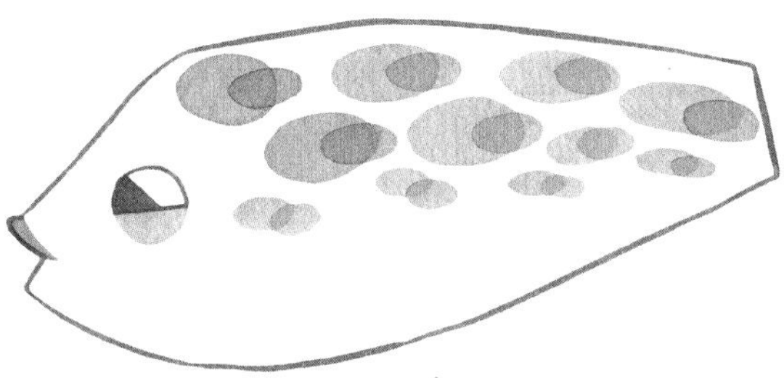

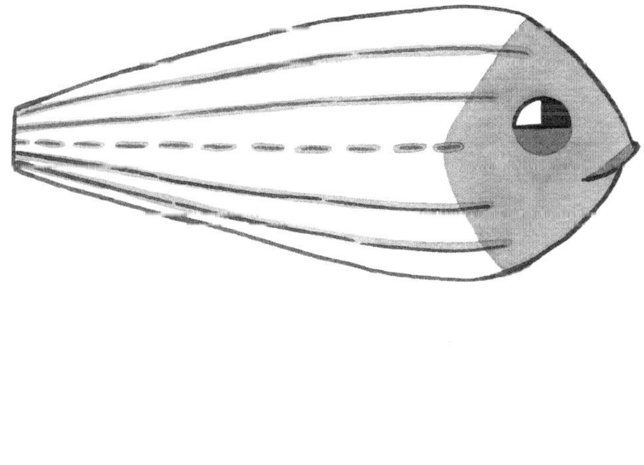

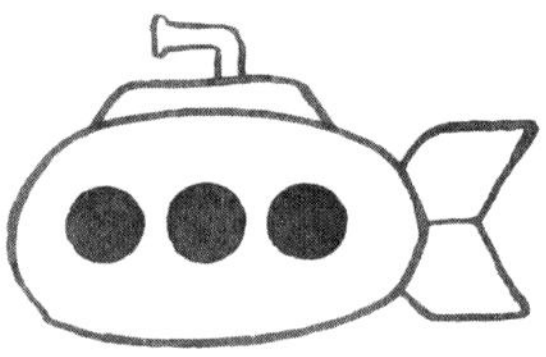

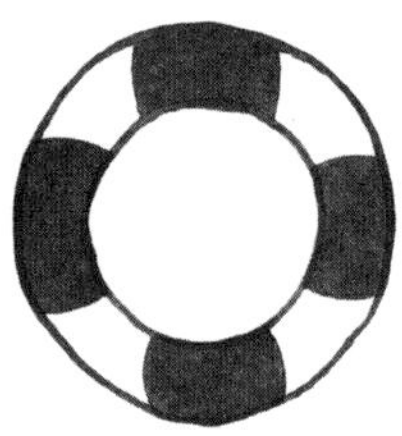

Das große Buch der wilden Tiere
SCHONE DINGE SELBST GESTALTET

DIE AUTORIN

Karoline Lawson studierte Modedesign in Bath, England, und arbeitete viele Jahre als Modedesignerin in London. Heute lebt sie mit ihrer Familie in Berlin und ist freischaffende Designerin und Illustratorin.

Die Verbindung von Natur und Design ist ihre Leidenschaft und inspiriert ihre Arbeit. Mit ihren Illustrationen und simplen Handwerkstechniken verwebt Karoline Lawson gesammelte Naturmaterialien zu einer spontan wirkenden Ästhetik. Es entstehen unkomplizierte und gefühlvolle Designs.

www.karolinelawson.com

DANKE

Meinem Mann Richard für die Gelassenheit und Liebe, mit der er mir während dieses Buchprojekts den Rücken freihielt.

Meinen beiden Mädchen, die mich mit ihrer Kreativität immer wieder überraschen und mit viel Geduld für mich Modell gestanden haben.

Meiner Großmama, die mir als Kind die Augen für das Schöne und Spannende der Natur öffnete und mich mit ihrer Abenteuerlust und Neugier noch heute inspiriert.

Meinen Eltern, meiner Schwiegermama, meiner Familie und meinen Freunden, die mich anfeuerten und aus ihren Gärten reich beschenkten.

Annette, die ein stetiger Wind in meinen schöpferischen Segeln ist.

Dem AT Verlag, der dieses Buch möglich gemacht hat und mir die Freiheit gab, es nach meinen Vorstellungen zu gestalten.

2. Auflage, 2023

AT Verlag AG, Aarau und München
Illustrationen: Karoline Lawson
Fotos: Karoline Lawson, außer S. 132, 133: privat
Lektorat: Mirella Mahlstein, AT Verlag
Layout: Karoline Lawson
Bildbearbeitung: Christian Spirig, bilderbub.ch
Druck und Bindearbeiten: Graspo CZ, a. s.
Printed in the Czech Republic

ISBN 978-3-03902-164-2

www.at-verlag.ch

Der AT Verlag wird vom Bundesamt für Kultur
für die Jahre 2021–2024 unterstützt.